双書⑰・大数学者の数学

フェルマ
数と曲線の真理を求めて

高瀬正仁

Pierre de Fermat

$$\text{lat.}(Bq. + Aq.) + \text{lat.}(Dq. - Aq.) + \text{lat.}(R\, in\, A - Aq.)$$
$$+ \text{lat.}\left(\frac{A\, cub. - B\, in\, Aq.}{D}\right) + \text{lat.}\left(\frac{Aqq. + Dq.\, in\, Aq}{Bq. + Aq.}\right)$$

現代数学社

まえがき

曲線の理論に寄せる

　西欧近代の数学の流れをさかのぼると，17世紀の前半期を生きた二人の偉大な数学者に出会います．ひとりはルネ・デカルト，もうひとりはピエール・ド・フェルマです．デカルトもフェルマも遠く古典ギリシアの数学的遺産に糧（かて）を得て曲線の理論に深い関心を寄せ，曲線に法線や接線を引く方法を考案し，後年の微積分への道を開きました．

　デカルトは『方法序説』において新しい学問の方法を語り，その方法を幾何学に適用して独自の曲線の理論を構築しました．幾何学に取り入れることのできる曲線とは何かという形而上的な問いを問い，ある範疇の曲線を抽出しましたが，それは次の世代のライプニッツが「代数的な曲線」と名付けた曲線でした．代数曲線の諸性質を知るための鍵は法線法にあることを自覚的に認識したのもデカルトで，代数方程式論に基礎を置く法線法はデカルトの曲線論の根幹を作っています．

　フェルマは法線ではなく接線を語りました．「曲線とは何か」とか「幾何学に取り入れうる曲線とは何か」というような形而上的な問いは語りませんが，接線法の対象を代数曲線に限定するようなことはなく，円積線やサイクロイドのような代数的ではない曲線，言い換えるとライプニッツのいう「超越的な曲線」にも自在に接線を引きました．フェルマの接線法は明晰判明なデカルトの法線法とはまったく異なっていて，一見して不可解でもあり，神秘的でさえありました．そのためにデカルトの理解するところとならず，辛辣な批判を受け，フェルマもゆずらずに激しい論争が起るという一幕もありました．

　等しく法線や接線を引くといっても，見る人が異なれば視点

もまた異なります．数学は人が作る学問であることが，このようなところにはっきりと現れています．

フェルマの接線法は最大最小問題にもそのまま適用されて，大きな力を発揮します．最大最小問題は接線法とはもともと関係がないのですからいかにも不思議な現象ですし，今日の微分法と通い合うものが感知されます．本書はフェルマの全集に取材して，フェルマが実際に取り上げた諸例に沿いながら，フェルマの接線法の姿を紹介することをめざしました．

数論の泉

特異な接線法を考案したフェルマは，西欧近代の数学における数論の泉でもありました．豊かな水量をたたえ，固有の美しい色彩に彩られて数論史の深遠な源泉を形作っています．フェルマの数論の世界では「フェルマの大定理」が広く知られていますが，そのほかにもフェルマが発見した数論の真理はおびただしい数にのぼります．なかでも際立っているのは「フェルマの小定理」と「直角三角形の基本定理」です．「フェルマの小定理」はユークリッドの『原論』に登場する完全数に淵源し，直角三角形に寄せる関心にはディオファントスの著作『アリトメチカ』の影響がうかがわれます．曲線の理論と同様に，数論の領域でもフェルマは古典ギリシアの数学に大きな示唆を得ています．

フェルマが探索した多種多様な直角三角形の諸例を挙げると，次のようなものがあります．

- 三つの直角三角形で，それらの面積がある直角三角形の3辺になっているもの．
- 直角をはさむ2辺の和の平方を面積に加えると平方数になる直角三角形．
- 直角をはさむ2辺の和と斜辺がともに平方数になる直角三角形．

- 直角を挟む2辺の差の平方から，それらの2辺のうちの小さいほうの辺の平方の2倍を差し引くと平方数になる直角三角形．
- 直角をはさむ2辺の差が1となる直角三角形．
- 直角をはさむ2辺の差が7となる直角三角形．
- 一番小さい辺と他の2辺との差が平方数になる直角三角形
- 与えられた面積比をもつ二つの直角三角形．

　数の理論の場でのことですから，探索された直角三角形は数直角三角形，言い換えると，3辺の長さがみな自然数で表される直角三角形です．

　フェルマの全集にはフェルマが書き続けた非常に多くの手紙が収録されています．数学を語り合う幾人かの仲間がいたのでした．どの1通も数学的発見を伝えています．たとえば，「直角三角形の基本定理（la proposition fondamentale des triangles rectangles）は1641年6月15日付でフレニクルという人に宛てた書簡に登場します．「直角三角形の基本定理」と名付けたのもフェルマ自身です．

　自然数は0, 1, 2, 3, · · · と配列されているだけにすぎませんが，この一覧表の中にはさまざまな直角三角形が埋め込まれていて，フェルマは長い歳月をかけてそれらを次々に取り出しました．仮名文字の五十音図には無尽蔵の俳句が埋蔵されていますが，フェルマはまるで数の俳諧師のようでした．そこで本書はフェルマの全集に手掛かりを求め，フェルマが渉猟した数の世界をフェルマとともに歩いてみたいと思いました．その過程を通じて，フェルマ以降，オイラー，ラグランジュ，ルジャンドルと続く初期数論史の姿が明るみに出されるよう，期待しています．

11月18日

高瀬正仁

目　次

まえがき ……………………………………………………………… i

第 1 章　デカルトからフェルマへ ……………………… 1

デカルトの『幾何学』に親しむまで ……………………………… 1
デカルトの『幾何学』を読んで ……………………………………… 2
法線を引くということ ………………………………………………… 3
フェルマの接線法 ……………………………………………………… 5
フェルマの全集を概観して …………………………………………… 6
各巻の概要 ……………………………………………………………… 8
最大値を求める問題の事例（その 1）…………………………… 10
フェルマの接線法（その 1）放物線の接線 …………………… 13
デカルトの接線法 …………………………………………………… 15

第 2 章　デカルトの批判
　　　　　── フェルマの接線法に寄せる …………… 17

デカルトの書簡より ── 1638 年 1 月 ………………………… 17
軸上の点から放物線に接線を引く ………………………………… 18
放物線の通径 ………………………………………………………… 20
デカルトの議論を再現すると ……………………………………… 22
法線を引く場合には ………………………………………………… 23
デカルトの言葉 ──フェルマを批判する ……………………… 25

v

デカルトの葉 ……………………………………………………… 27
　　デカルトの所見への批判とデカルトの反批判 ………………… 28
　　ロベルヴァルの反論 ……………………………………………… 30

第3章　「ほぼ等しいものを等置する」という技巧をめぐって …… 33

　　最大問題の第2の例 ……………………………………………… 33
　　ディオファントスの言葉 ………………………………………… 34
　　フェルマの発見をめぐって ……………………………………… 37
　　パップスの最小問題 (1) ── フェルマの解法 ………………… 39
　　パップスの最小問題 (2) ── パップスの解法 ………………… 41
　　解の一意性をめぐって …………………………………………… 42
　　楕円の接線 ………………………………………………………… 42
　　アポロニウスの接線法 …………………………………………… 46

第4章　最大最小問題のいろいろ …… 49

　　最大最小問題再考 ………………………………………………… 49
　　ヴィエトの方法 …………………………………………………… 51
　　ヴィエトの方法のもうひとつの適用例 ………………………… 54
　　分数式の最大最小 ………………………………………………… 54
　　無理式に対する最大最小問題 …………………………………… 57
　　従来の方法によると ……………………………………………… 59
　　球に内接する最大の円錐 ………………………………………… 60

第5章　シソイド，コンコイド，円積線に接線を引く ─ 65

　双曲線と半円の接線 ─ 65
　ディオクレスのシソイドとその方程式 ─ 67
　シソイドの接線 ─ 69
　ニコメデスのコンコイドとその方程式 ─ 73
　コンコイドの接線 ─ 74
　デカルトによるコンコイドの接線法 ─ 76
　ヒッピアスの円積線 ─ 77
　円積線の接線 ─ 80

第6章　サイクロイドの接線と直角三角形の基本定理 ─ 83

　サイクロイド曲線とは ─ 83
　サイクロイドに接線を引く ─ 85
　等式 $\dfrac{\text{MA}+\text{MD}}{\text{DA}} = \dfrac{\text{MD}}{\text{DC}}$ ─ 88
　サイクロイドの接線の続き ─ 89
　ディオファントスと出会う ─ 90
　直角三角形の基本定理 ─ 91
　合成数を二つの平方和に分解する ─ 94
　直角三角形の基本定理による素数の判定 ─ 95
　与えられた奇数を1辺とする直角三角形 ─ 97

第7章　直角三角形のいろいろと
　　　　　フェルマの小定理　　　　　　　　　　99

直角をはさむ2辺の差が1となる直角三角形　　　　99
一番小さい辺と他の2辺との差が
　　　　　　　　平方数になる直角三角形　　　　101
隣り合う2辺の間に項差の相関性が
　　　　　　　　認められる直角三角形　　　　　102
もうひとつの例　　　　　　　　　　　　　　　　103
与えられた面積比をもつ二つの直角三角形　　　　105
フェルマの小定理　　　　　　　　　　　　　　　107
フェルマの小定理と完全数　　　　　　　　　　　108
S_n の約数の見つけ方　　　　　　　　　　　　109
3の冪より1だけ小さい数の約数　　　　　　　　110
「小さな命題」　　　　　　　　　　　　　　　　111

第8章　数論の泉　　　　　　　　　　　　113

書簡の魅力　　　　　　　　　　　　　　　　　　113
面積が平方数となる直角三角形　　　　　　　　　114
フェルマの大定理　　　　　　　　　　　　　　　115
多角数に関するフェルマの定理　　　　　　　　　116
等差数列の3乗数の総和（1）　　　　　　　　　118
等差数列の3乗数の総和（2）　　　　　　　　　119
等差数列の総和と等差数列を作る数の平方の総和　121
等差数列の4乗数の総和　　　　　　　　　　　　122
素数の形状理論へ　　　　　　　　　　　　　　　123

末尾の数字が 3 または 7 の素数の積 ……………………… 125
　　3 個の平方数の和への分解 ……………………………………… 126
　　平方数ではない奇数は
　　　　　　　二つの平方数の差の形に表される ……………… 127

第 9 章　無限降下法の力 ……………………………… 129

　　第 101 書簡より ……………………………………………………… 129
　　否定的な命題と肯定的な命題 ………………………………… 130
　　無限降下法の神秘とは ………………………………………… 131
　　肯定的な問題に適用すると …………………………………… 132
　　「直角三角形の基本定理」と無限降下法 …………………… 134
　　デカルトの手紙より ……………………………………………… 135
　　非平方数の一性質 ………………………………………………… 137
　　不定方程式論が数論でありうる理由 ………………………… 138
　　ペルの方程式 ………………………………………………………… 139
　　二つの否定的な命題 ……………………………………………… 140
　　フェルマの数とフェルマの素数 ………………………………… 141
　　フェルマの数論の印象 …………………………………………… 143

第 10 章　直角三角形から不定解析へ ………… 145

　　ミシェル・ド・サン＝マルタンの問題 ……………………… 145
　　不定解析の視点に立つと ……………………………………… 146
　　直角をはさむ 2 辺の差が 1 となる直角三角形（続）……… 147
　　直角をはさむ 2 辺の差が 7 となる直角三角形 ……………… 150

ix

直角をはさむ 2 辺の和と斜辺が
　　　　　　ともに平方数になる直角三角形 ……………… 151
　　直角をはさむ 2 辺の和の平方を面積に加えると
　　　　　　平方数になる直角三角形 ……………………… 152
　　直角三角形の探索から不定解析へ ……………………… 153
　　約数の総和をめぐって …………………………………… 155
　　友愛数 ……………………………………………………… 156

第 11 章　約数の総和を作る ……………………… 159

　　メルセンヌの『普遍的なハーモニー』
　　　　（アルモニ・ウニヴェルセル）の緒言より ……… 159
　　フェルマの友愛数 ………………………………………… 160
　　17296 と 18416 が友愛数であること ………………… 163
　　イギリスの数学者たちへの第 1 挑戦状より ………… 164
　　ペルの問題をめぐって …………………………………… 165
　　第 6 書簡より …………………………………………… 167
　　第 44 書簡より …………………………………………… 169
　　第 44 書簡より（続） …………………………………… 171

第 12 章　不定方程式論への道 …………………… 173

　　フェルマの数論の継承 …………………………………… 173
　　直角をはさむ 2 辺の和と斜辺がともに
　　　　　　平方数になる直角三角形（続） …………… 174
　　不定方程式 $2x^4 - y^4 = z^2$ の正の整数解 ……………… 175

p, q の正の最小値 ……………………………………………… 177
「欄外ノート」第 44 項に見られるもうひとつの問題 …… 177
不定方程式論への道 …………………………………………… 179
素数の形状理論の展開 ………………………………………… 181
素数の形状理論の泉『バシェのディオファントス』より …… 182
これまでとこれから …………………………………………… 186

索引 ……………………………………………………………… 188

第1章

デカルトからフェルマへ

デカルトの『幾何学』に親しむまで

　何年か前のことですが，急にデカルトの著作『幾何学』のことが気に掛り始め，読みたくてたまらないという強い気持ちにかられたことがありました．デカルトの『幾何学』のことでしたら，およそ数学に関心を寄せるほどの人であれば知らないということはありえませんし，はるか以前から承知していました．ところが，なぜかしら「読んでもわからないだろう」という気持ちが先に立ち，長い間，本気になって読もうとしたことはありませんでした．

　デカルトといえば『方法序説』が有名で，何とはなしに西欧近代の数学の出発点のようなイメージがありましたので，だいぶ早い時期に落合太郎先生が訳出した岩波文庫版の1冊を入手して手もとに置きました．デカルトの思索の回想録のような作品で，おもしろく読めるところもあるものの，「われ思う，ゆえにわれあり」という有名な発見が語られるあたりになるとにわかにかすみがかかったような思いにとらわれたものでした．デカルトは何かしらまったく新しい学問の方法を発見したという話をして，その根底にあるのが「われ思う，ゆえにわれあり」で，しかもデカルトはこれを序論として，発見された新しい方

法を実際に三つの学問の場に適用してみせました．三つの学問というのは屈折光学，気象学，それに幾何学です．幾何学の場において「われ思う，ゆえにわれあり」と数学が出会ったということになりますが，両者の間に架かる橋の姿が目に映じないために，『幾何学』は読んでもわからないだろうという印象がぬぐえなかったのでした．

　微積分の形成史という観点に立って時系列をたどるなら，出発点に位置するのはまちがいなくデカルトの『幾何学』ですが，いきなりデカルトに立ち返るのはあまりにも道が遠いように思われて，まずはガウスの著作『アリトメチカ研究』とアーベルの論文「楕円関数研究」に手掛かりを求めて古典研究に取り掛かりました．どちらの作品にもオイラーの影が色濃く射していますので，次第にオイラーの世界に親しむようになり，オイラーを通じてオイラーの数学の師匠のヨハン・ベルヌーイの姿もまた見えるようになりました．ヨハンとともにヨハンの兄のヤコブも目に入り，ベルヌーイ兄弟に深い影響を及ぼしたライプニッツの巨大な肖像にも近づけそうな気持ちになりました．ここまでさかのぼるとあとはもうデカルトの『幾何学』をよむほかはありません．

デカルトの『幾何学』を読んで

　実際に読み始めてみると，案ずるより産むがやすし．『幾何学』は実におもしろい本でした．デカルトは古典ギリシアの数学者パップスの著作と伝えられる『数学集録』を読み，そこで語られている作図問題のいろいろに関心を寄せました．作図問題というと，円の方形化（与えられた円と同じ面積をもつ正方形を作る問題），角の3等分，立方体の倍積（与えられた立方体の2

倍の体積をもつ立方体を作る問題）という，三大作図問題がよく知られています．これらの問題を解決する力のある適切な曲線を探索すると，円の方形化の問題はヒッピアスが発見した円積線を利用すれば解けますし，アルキメデスの螺旋を使うと3等分の問題を解くことができます．ニコメデスが考案したコンコイドやディオクレスが発見したシソイドと呼ばれる曲線を使えば，立方体の倍積問題が解決されます．

万事がこんなふうで，パップスの『数学集録』は作図問題の根底に「曲線の世界」が広がっていることを教えています．この状況を受けて，デカルトは「幾何学に受け入れうる曲線はどのようなものか」という問題を提示し，みずからこの問いに答えてある特定の曲線の作る世界を切り取り，そこに所属する曲線を幾何学的曲線と名づけました．その実体は代数曲線にほかなりません．デカルトのいう幾何学的曲線を代数曲線と呼び，代数的ではない曲線を超越曲線と呼んだのは後年のライプニッツでした．古典ギリシアの数学で提案された曲線でいうと，コンコイドやシソイドは代数曲線ですが，円積線は超越曲線です．

法線を引くということ

「幾何学的な曲線とは何か」という問いを立てて代数曲線をもって応じたデカルトの構えを見ると，そこには「われ思う，ゆえにわれあり」という，あの独自の形而上的思索の帰結が反映しているのであろうという推測が成り立ちそうです．このところは本当は今もよくわかりません．それでも，それはそれとして，ともあれこうして代数曲線の世界が提示されました．2個の変数 x, y の多項式 $f(x, y)$ を 0 と等値して，方程式 $f(x, y) = 0$ を書くとデカルトのいう代数曲線が定まります．

その性質を知るというのは，この方程式のみを頼りにして曲線の概形を描くことにほかならず，しかもそのためには曲線上の各点において自由に法線を引くことができればよいというのがデカルトの所見です．

　実際，『幾何学』に見られる小見出しのひとつは，

　　曲線のすべての性質を見いだすためには，そのすべての点が直線の点にたいしてもつ関係を知り，またその曲線上のすべての点でこれを直角に切る他の線をひく方法を知れば十分であるということ（ちくま学芸文庫『幾何学』，2013 年．訳：原亨吉．以下，『幾何学』からの引用はこの文庫を典拠にして行います．）

というのですが，ここには「曲線上のすべての点でこれを直角に切る他の線」，すなわち法線を引く方法を確立することに，曲線を知るということのすべてが帰着されていくと明記されています．本文を追っていくと，曲線に法線を引く方法を一般的に示したなら，「曲線に関する基礎知識として要求されるすべてのことを述べたことになるであろう」という，先ほどの小見出しと同じ意味の言葉に出会います．これに続いて，

　　これこそ，あえて言うが，単に私が幾何学に関して知っているというだけでなく，かつて知りたいと思った最も有益で最も一般的な問題なのである．

と言葉が重ねられて，デカルトが眼目とするところはますます明瞭になっていきます．「法線を引く」という代りに「接線を引く」といっても同じです．古典ギリシアの作図問題の観察から曲線の理論が抽出されて，その曲線論の場において，法線法

もしくは接線法の探究という，全理論の中核に位置する課題が新たに発生したのでした．

フェルマの接線法

　デカルトの『幾何学』の解読は順調に進展し，いろいろな発見がありました．「読んでもわからないだろう」といつまでも思い込んでいたことが何かのまちがいだったような気がするほどで，今日の微積分の源泉を目の当りにしたという思いに襲われて心からうれしく思ったことでした．もっとも，たとえば卵形線をめぐる精密な考察のように，理解が行き届かない記述もまだあちこちに残されています．

　デカルトの『幾何学』と並行して，フェルマの書きものにも同時に目を通しました．フェルマに「最大と最小」という論説があり，そこには独自の接線法が見られることは広く知られている事実ですし，それならこの際，デカルトの法線法と比較してみたらおもしろいのではないかと考えたのでした．フェルマの接線法にはデカルトには見られない不思議なことがいくつもありました．一例を挙げると，フェルマはサイクロイドに接線を引く方法を発見しています．ところが，サイクロイドは超越曲線です．デカルトは苦心の思索を重ねた末にこのような曲線を幾何学的曲線の仲間から排除したのですが，フェルマはそのようなことに頓着がありません．どうしてなのだろうという率直な疑問に，ここで遭遇しました．

　もうひとつの例を挙げると，フェルマはデカルトの方法とはまったく異なる方法で放物線に接線を引きました．フェルマの論文「最大と最小を探究する方法．曲線の接線について」に書かれています．フェルマはこれをメルセンヌに送り，メルセン

ヌはさらにデカルトに送付しました．フェルマの論文を見たデカルトは1638年1月にメルセンヌに宛てて長文の返信を書き送りましたが，書き出しの一文からして，「お送り頂いた著述ですが，私は，本当にそれについては一切何も言いたくありません．何を言おうと，その著者に対して不利になるからです」（『デカルト全書簡集』第二巻，知泉書館，2014年）などというのですからいかにも不穏です．デカルトはフェルマの接線法がよほど気に入らなかったようで，「私は彼［フェルマ］によるパラボラの接線を求める規則，そしてそれ以上に彼の出した例を，明らかな誤りと判断します」と明言し，そのうえで自分の考えを実証しようとして精密な検討を加えています．

　このような激越な文面を目にすると，等しく接線法もしくは法線法を論じながら，デカルトとフェルマの間にはどこかしら根本的なところに考え方の相違が存在すると思うほかはありません．では，両者を隔てるものの実体はどのようなものなのでしょうか．この疑問が動機になって，いつかフェルマの書きものを熟読したいと思うようになりました．

フェルマの全集を概観して

　ピエール・ド・フェルマ（1607年–1665年）は17世紀を生きた人物ですが，全集が編纂されたのは19世紀も後半期になってからのことでした．フェルマの全集は全4巻で編成されていて，第1巻が刊行されたのは1891年．フェルマの没年は1665年ですから，この間に実に226年という歳月が流れています．続刊の刊行年を挙げると，第2巻は1894年，第3巻は1896年．第4巻は難航したようで，16年後の1912年になってようやく刊行されました．すでに20世紀の出来事です．編纂

者としてポール・タンヌリー（1843–1904年）とシャルル・ヘンリー（1859–1926年）という二人の名前が記載されています．タンヌリーはフランスの著名な科学史家で，デカルトの全集の編集に参画した人でもあります．第4巻が刊行されたときはもう亡くなっていました．ヘンリーについてはよくわかりません．

　フェルマの全集というと，上記の4巻本のことと理解してよいと思いますが，第4巻が刊行されて10年後の1922年になってもう1冊，補足の巻が刊行されました．その巻には『第Ⅰ–Ⅳ巻への補足』という簡明直截な書名が附されています．これを含めるとフェルマの全集は全5巻になります．補巻の編纂者はコルネリス・デ・ワールト（Cornelis de Waard, 1879–1963年）といい，人となりがよくわからないのですが，序文の冒頭に1914年にグロニンゲン大学の図書館でフェルマの未刊の文書を発見したと記されているところを見ると，オランダの人のようです．巻頭に

A LA MÉMOIRE DE PAUL TANNERY
（ポール・タンヌリーの記念に）

という言葉が見られますから，あるいはタンヌリーの薫陶を受けた科学史家なのかもしれません．

　補巻も含めて全5巻の全集に先立って，フェルマの没後14年目の1679年にはフェルマの子のサミュエル・ド・フェルマが編纂した "Varia Opera Mathematica D.Petri de Fermat" が刊行されました．タンヌリーとヘンリーが企画した新全集の土台になった書物で，『ピエール・ド・フェルマの数学に関するいろいろな作品』というほどの意味の書物ですが，日本語の文献ではよく『数学論集』として引用されています．1969年に復刻版が出版されましたのでいくぶん入手しやすくなりました．

各巻の概要

　第1巻は第1部, 第2部, 附録と三つの部分に分かれています. 第1部には長短さまざまな13個の書きものが集められていますが, ひときわ目をひくのは「最大と最小」という表題のもとに集められた9編の論文です. 第1論文はさらに二つの部分に分かれていて, 前半には「最大と最小を探究する方法」, 後半には「曲線の接線について」という小見出しが附せられています. 実にめざましい小見出しで, 一瞥するだけでたちまち今日の微積分が連想されるような錯覚を覚えます.

　「最大」の原語は maxima, 「最小」の原語は minima で, 英語表記ではそれぞれ maximum, minimum となります. 今日の微積分では最大最小と極大極小を厳密に区別する習慣が確立していて, maximum, minimum にはそれぞれ極大, 極小という訳語があてられていますが, フェルマが探索しているのは実際には「最大」と「最小」ですので, 本書では最大, 最小という言葉を使うことにしたいと思います.

　第2部には, フェルマがディオファントスの著作と伝えられる『アリトメチカ』のバシェによるラテン語訳の欄外に記入した名高い「欄外ノート」が収録されています. バシェが作成したディオファントスの著作のラテン語訳というのは, 正確にはギリシア語の原文とラテン語訳を並列した対訳本です. 以下, これを『バシェのディオファントス』と略称することにします.

　第3部は「附録」です. ここには13個のさまざまな文章が並んでいます.

　フェルマ全集の第2巻は書簡集で, 118通の書簡が集められています. たいていの書簡はフランス語で書かれていますが, ラテン語の手紙も混じっています. それに, フランス語の手紙でも文中にラテン語で表記された箇所があちこちに見られま

す．全集の第1巻に収録された論文や「欄外ノート」もラテン語で書かれています．そこでタンヌリーは第1巻と第2巻に出現したすべてのラテン語の文章をフランス語に翻訳し，それらを集めて全集の第3巻に収録しました．

　全集の第3巻の内容をもう少し観察すると，全体は4部に分かれています．第1部はラテン語で書かれたフェルマの論文のフランス語訳で，上述のとおりです．第2部は全集の第2巻に収録されたフェルマの書簡のうち，ラテン語の部分のフランス語訳で，これも上述のとおりです．第3部に収録されたのは，ジャック・ド・ビリー（1602－1679年）が収集した数論の諸問題のフランス語訳です．ビリーはフェルマと同時代のフランスの数学者で，フェルマと文通を続けていたのですが，フェルマの書簡から数論の問題をたくさん集めました．フェルマの子のサミュエルは父の没後，父が読んで「欄外ノート」を書き込んだ『バシェのディオファントス』の復刻本（以下，これを『サミュエルのディオファントス』と呼ぶことにします）を刊行し，その際，ビリーが収集した数論の問題集に"Doctorinae analyticae inventum novum（解析学の新しい発見）"という表題をつけて，附録のような形で収録しました．ラテン語で書かれている文書で，これをフランス語に訳出したのがフェルマ全集の第3巻の第3部です．

　第3巻の第4部には，イギリスの数学者ジョン・ウォリスの書簡集所収の47通の手紙がフランス語に訳出されて収録されました．47通のうち，5通はフェルマの書簡です．フェルマとイギリスの数学者たちとの数学上の交流の様子を知るうえで，よい参考になります．

　フェルマ全集の第4巻の内容は補足と註釈です．補足というのはいろいろな書簡のことで，特に目につくのはメルセンヌの書簡，デカルトの書簡，それにホイヘンスの書簡です．註釈を

書いたのはヘンリーです．

最大値を求める問題の事例（その1）

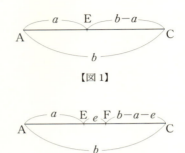

【図1】

【図2】

　フェルマの全集の実物は国内のいくつかの大学の附属図書館に所蔵されています．どこにでもあるというわけではなく，実際に目にするのはそれほど容易ではありませんが，九州大学の附属図書館の貴重書文庫のひとつ「桑木文庫」に（補巻を除いて）入っていましたので，手に取って観察することができました．30年の昔にはじめて見たときは非常に感動し，コピーの作成をめざしてたいへんな苦心を重ねたものでした．最近は古文献を取り巻く状況が大きく変わり，フェルマ全集もインターネット上で容易に見つかり，pdfファイルを入手できるようになりました．

　フェルマの論文「最大と最小」の前半「最大と最小を探究する方法」に，最大値を求める問題の例が挙げられていますので一瞥したいと思います．フェルマが提示したのは，

> 線分 AC を点 E において二分して，長方形 AEC が最大になるようにせよ．

という問題です．原文を見ると，いきなり「線分 AC を B と呼ぼう．B の一方の部分を A としよう」と書き出されていて，記号法が奇妙に感じられるのですが，よく見ると「線分 AC」の「A」と「C」は立体のアルファベットで，線分 AC を B と呼び，B の一方の部分を A と呼ぶときの B と A はイタリック体で表記されています．これを順守すれば混乱は生じないはずですが，どうもわずらわしい感じがありますので，イタリック体のアルファベットは小文字のイタリック体で表記することにします．すると線分 AC の長さを b で表すということになります．

以下，この流儀に従って表記することにします．線分 AC を途中の点 E において二分して，一方の部分 AE の長さを a で表すと，もう一方の部分 EC の長さは $b-a$ となります（図1）．長方形 AEC というのは二つの線分 AE と EC を2辺とする長方形を指し，その大きさといえば面積のことですから，$AE \times EC = a(b-a) = ba - a^2$ と表されます．次に，今度は線分 AC の分割点の位置を少しずらし，新たな分割点を F（フェルマが書いた原文にはこの新たな分割点を表す記号は見あたりません），ずれの大きさを e で表します．すると，$AF = a+e$, $FC = b-a-e$ ですから，長方形 AFC の大きさは $(a+e) \times (b-a-e) = ba - a^2 + be - 2ae - e^2$ となります（図2）．いろいろな量を文字で表して，代数学の計算規則に従ってここまで計算が進みました．デカルトの『幾何学』に見られるアイデアですが，フェルマもまた独自に同じアイデアをもっていたのでしょう．

ここまでのところは単なる式変形にすぎませんし，何事でもありません．フェルマに独自のアイデアが認められるのは二つ

の四辺形 AEC と AFC の面積を等値するところです．四角形 AEC が最大になるという前提のもとでそのような等式を書き下し，次々と式変形を繰り返すと，

$$ba - a^2 = ba - a^2 + be - 2ae - e^2$$
$$0 = be - 2ae - e^2$$
$$be = 2ae + e^2$$
$$b = 2a + e$$

と計算が進みます．こうして最後に到達した等式 $b = 2a + e$ において，フェルマは $e = 0$ と置き，等式 $b = 2a$ すなわち $a = \dfrac{b}{2}$ を導きました．元の線分 AC に立ち返ると，点 E の位置は線分 AC の中点であることを，この等式は示しています．これで提示された問題が解決されました．e は当初は有限量だったにもかかわらず，最後の段階で 0 と等値されました．実に不思議な解法ですが，現在の微積分の目で見ると，2次関数

$$\varphi(a) = ba - a^2$$

の導関数の計算が行われているように見えます．実際，

$$\varphi'(a) = \lim_{e \to 0} \frac{\varphi(a+e) - \varphi(a)}{e}$$
$$= \lim_{e \to 0} \frac{be - 2ae - e^2}{e}$$
$$= \lim_{e \to 0} (b - 2a - e) = b - 2a$$

と計算が進み，これを 0 と等値して得られる方程式 $\varphi'(a) = b - 2a = 0$ から $a = \dfrac{b}{2}$ が求められます．これで関数 $\varphi(a)$ は $a = \dfrac{b}{2}$ において最大値をもつことがわかりました．途中の計算はフェルマが行った式変形とそっくりです．

あるいは，文字 a を変数らしく見えるように x で表して，

$$y = bx - x^2$$

と置くと,放物線の方程式のように見えます.そこで $y = -\left(x - \dfrac{b}{2}\right)^2 + \dfrac{b^2}{4}$ と変形すれば,この放物線の頂点の位置の x 座標 $x = \dfrac{b}{2}$ が得られます.デカルトならこんなふうにするのではないかと思われますが,デカルトの『幾何学』には最大最小問題に関心が寄せられている様子は見られません.

フェルマの接線法(その1)放物線の接線

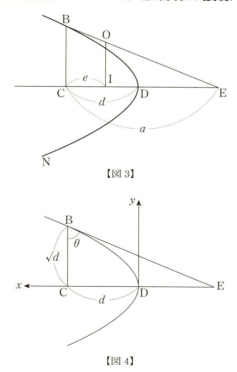

【図3】

【図4】

「最大と最小」の後半「曲線の接線について」では放物線に接線を引く方法が語られています．図3のように放物線を配置し，その上の点 B において接線 BE が引かれた状態を想定すると，問題となるのは接線と軸との交点 E の位置を決定することです．フェルマが取り上げている放物線の特徴は等式 $CD = CB^2$ で表されます．図において，接線上の点 O は放物線の外側にありますから，不等式 $OI^2 > DI$ が成立します．それゆえ，不等式 $\dfrac{CD}{DI} > \dfrac{BC^2}{OI^2}$ もまた成立します．ここで二つの三角形 BCE と OIE が相似であることに着目すると，比例式 BC：OI = CE：IE が成立しますから，不等式 $\dfrac{CD}{DI} > \dfrac{CE^2}{IE^2}$ が得られますが，この不等式を等式 $CD : DI = CE^2 : IE^2$ に置き換えるところがフェルマの方法の核心です．

最大最小問題の場合にそうしたように，いろいろな量に名前をつけることにして，$CD = d$, $CI = e$, $CE = a$ と表記します．d は既知量，e は与えられた任意の量，a は未知量です．このとき，先ほどの等式は

$$d : (d-e) = a^2 : (a-e)^2$$

となりますが，計算を進めると順次，等式 $de^2 + a^2 e = 2ade$, $de + a^2 = 2ad$ が得られます．そこで $e = 0$ と置くと，$a^2 = 2ad$. これより $a = 2d$ が得られて，点 E の位置が判明します．この計算法は先ほどの最大値問題の場合の計算と酷似しています．

図4において $\tan\theta = \dfrac{CE}{BC} = 2\sqrt{d}$ となることがわかりましたが，今度はこの数値を微分計算の手法を用いて導出してみます．ライプニッツのアイデアにならって放物線の方程式 $x = y^2$ の微分を作ると，$dx = 2y dy$．それゆえ，$\dfrac{dx}{dy} = 2y$.

よって，$\tan\theta = \dfrac{\mathrm{CE}}{\mathrm{CB}} = 2\sqrt{d}$．これより $\mathrm{CE} = \mathrm{CB} \times \tan\theta = \sqrt{d} \times 2\sqrt{d} = 2d$ が導かれて，点 E の位置が確定します．

デカルトの接線法

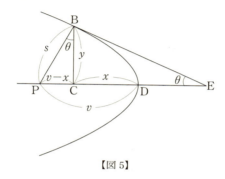

【図5】

デカルトの『幾何学』には楕円の法線法が記されているばかりで，放物線に接線を引く方法は見あたらないのですが，試みにデカルトの方法を放物線に適用してみたいと思います．デカルトの流儀に従って，フェルマと同じ図を描き，いろいろな線分に名前をつけます（図5）．BP は点 B における放物線の法線です．直角三角形の BPC にピタゴラスの定理を適用すると，等式 $s^2 = (v-x)^2 + y^2$ が成立します．そこで放物線の特性を表す等式 $x = y^2$ を用いると，2次方程式
$$x^2 + (1-2v)x + v^2 - s^2 = 0$$
が得られます．線分 BP が法線であることに留意すると，この2次方程式は2重根をもつほかはありません．デカルトの法線法

の鍵をにぎっているのはこの認識です．2重根は $x = v - \dfrac{1}{2}$ ですから，$PC = \dfrac{1}{2}$ であることがわかります．そこで $\angle PBC = \theta$ と置くと，$\tan\theta = \dfrac{1}{2y}$．それゆえ，$CE = \dfrac{y}{\tan\theta} = 2y^2 = 2x$ となり，フェルマの方法で探索したのと同じ場所に点 E が定まりました．

第 2 章

デカルトの批判
── フェルマの接線法に寄せる

デカルトの書簡より ── 1638 年 1 月

　デカルトはメルセンヌから送られたフェルマの論文「最大と最小」を見て強烈な反感を抱いたようで，メルセンヌに宛てて長文の手紙を書いてフェルマの方法を批判しました．日付は 1638 年 1 月．1 月の何日なのかまではわかりませんが，フェルマの論文が送られてきたのも同じ 1 月のことと思われます．単なる感想ではなく，フェルマが発見した接線法を全面的に否定してしまおうとするかのような激越な言葉が連なっていて，一読すると得体のしれない恐ろしささえ感じられます．

　『デカルト書簡集　第二巻（1637 – 1638）』（知泉書館, 2014 年）に掲載されている訳文（第 138 書簡）を参考にして，デカルトの主張に耳を傾けてみたいと思います．デカルトは，フェルマが見つけた放物線の接線法は明らかに誤っていると断言し，フェルマの方法に追随して放物線に接線を引くことを試みました．フェルマが明示した方法に沿っているにもかかわらず，デカルトはまちがった結論へと導かれてしまいます．それが，フェルマは誤っているという主張の根拠になっています．

　デカルトにしたがって平面上に放物線 BDN（図 1）を描き，この放物線上の点 B において接線を引くことを考えてみます．点 B から軸に向って垂線 BC を降ろし，その長さを b で表しま

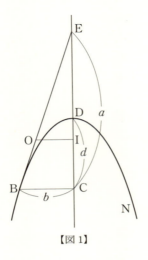

【図1】

ます．点 B において接線が引かれたとして，その接線と軸 DC の延長線との交点を E として，線分 EC の長さを a とします．D は放物線の頂点で，線分 DC の長さを d とします．このような状況のもとで，フェルマは等式 $a = 2d$ を示したのですが，デカルトは異なる等式 $a = -\dfrac{b^2}{2d}$ を導きました．a の値が負になってしまうのですから，まちがっているのは明白です．ここにおいて問題となるのはまちがえた理由です．この論点をめぐってデカルトの論敵が出現し，論争が引き起こされました．

軸上の点から放物線に接線を引く

接線を引くというのですから，接線というものをどのように理解するのかという，諒解様式を明示しておく必要があります．放物線の外部にある軸上の点 E から放物線に向けて真っすぐな

線を引くとき,その線が放物線の軸と重なる場合には放物線と1点 D において交叉しますが,それ以外の場合には異なる2点において交叉するか,点 B において接するか,あるいはまた交点をもたないという3通りの場合がありえます.第3の場合は考える必要がありません.ここにおいてデカルトは,「BE は,DC と点 E において交わり,また同じ点 E からパラボラ(註.放物線)まで引ける最大のものでなければならない」とはっきりと語りました.これでデカルトによる接線の諒解の仕方が明らかになりました.実際には瑕疵があり,そのためにデカルトの議論は誤った帰結へと導かれてしまいます.

点 E から放物線に向けて線を引くとき,一般に放物線と2点 S, P において交叉する状況を考えてみます(図2).

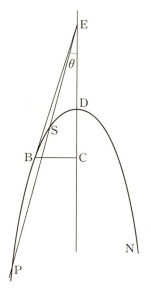

【図2】

線の傾き，すなわち，線と軸との交叉角 θ が大きくなっていくのにつれて，短いほうの線分 SE の長さは次第に増大し，長いほうの線分 PE は次第に減少しながら接近していきます．そうしてある瞬間に点 B において合致して，接線 EB が定まります．それゆえ，線分 BE は短いほうの線分 SE の中で最大の長さをもち，長いほうの線分 PE の中では最小の長さをもつことになります．このあたりの状況を正確に識別すれば正しく接線を引くことができますが，デカルトはただ「BE は E から放物線まで引ける最大のもの」と言うばかりです．単に「E から放物線まで引ける最大の線分」というだけでしたら，そのような線分は存在しないのですから誤った言明であり，接線の諒解様式それ自体がまちがえていることになります．デカルトの議論が反論を誘発する原因がここにひそんでいます．

放物線の通径

　デカルトの議論を追う前に放物線の把握の仕方についてもう少し言葉を補っておきたいと思います．いろいろな表現様式が考えられますが，ここでは準線と焦点を基礎にして放物線を考えてみます．平面上に一本の直線 L と，その上にない点 F を指定します．直線 L 上になく，点 F とも異なる点 P を取り，P から L に向けて垂線を降ろし，L との交点を Q とします．このとき，等式 FP＝PQ を満たすような点 P の描く軌跡が放物線です．L は放物線の準線，F は放物線の焦点と呼ばれています（図 3）．

第 2 章　デカルトの批判 ── フェルマの接線法に寄せる

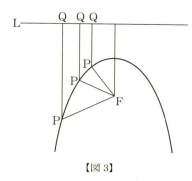

【図3】

今度は図3に直交座標系を指定してみます（図4）．

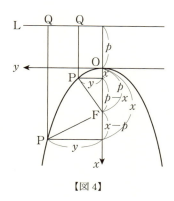

【図4】

焦点 F を通り，準線 L と直交する直線を x 軸とし，x 軸と放物線との交点，すなわち放物線の頂点 O を通り，準線 L と平行な直線を y 軸とします．線分 FO の長さを p で表すと，$FP = \sqrt{y^2+(x-p)^2}$, $PQ = x+p$. それゆえ，等式
$$\sqrt{y^2+(x-p)^2} = x+p$$

21

が成立します．両辺を平方し，式の形を整えると，方程式
$$y^2 = 4px$$
が得られます．右辺の x の係数 $4p$ は放物線の**通径**と呼ばれる定数ですが，これは比例等式
$$4p : y = y : x$$
によって与えられます．

デカルトの議論を再現すると

デカルトとともに図1の放物線を観察すると，この放物線の通径は比例式
$$(通径) : b = b : d$$
によって与えられますから，$\dfrac{b^2}{d}$ であることがわかります．こ

の数値は放物線上のあらゆる点Bに対してつねに一定であり，その事実が放物線と呼ばれる曲線の形状の特徴になっています．

直角三角形 BCE に対してピタゴラスの定理を適用すると，線分 BE の長さの平方は $b^2 + a^2$ で与えられます．線分 EC の長さは a で表されましたが，これを延長して軸上に点 C_0 を定め，線分 CC_0 の長さを e とします（図5）．これで線分 EC_0 の長さは $a+e$ になりました．放物線上の

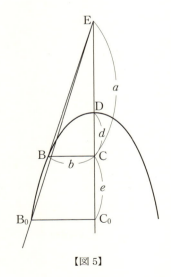

【図5】

点 B_0 を定めて，その点から軸に降ろした垂線と軸との交点が C_0 になるようにします．すると，線分 B_0C_0 の長さの平方は $\dfrac{b^2}{d} \times (d+e)$ となり，直角三角形 EB_0C_0 の斜辺 B_0E の長さの平方は $\dfrac{b^2}{d} \times (d+e) + (a+e)^2$ となります．

　ここまでは簡単な計算の結果を書き下しただけにすぎませんが，「BE は点 E から放物線まで引くことのできる最大の線分でなければならない」という，接線に課された要請に基づいて，デカルトはフェルマにならって等式

$$b^2 + a^2 = \dfrac{b^2}{d} \times (d+e) + (a+e)^2$$

を書きました．この式を変形すると，$\dfrac{b^2 e}{d} + 2ae + e^2 = 0$．$e$ で割ると，$\dfrac{b^2}{d} + 2a + e = 0$．ここで $e = 0$ と置くと $\dfrac{b^2}{d} + 2a = 0$ となり，ここから a の値 $a = -\dfrac{b^2}{2d}$ が取り出されます．ところが正しい数値は $a = 2d$ なのですから，この計算の結果は明らかにまちがっています．そこでデカルトは，「氏（註．フェルマ）の主張とはうらはらに，これは線 A（註．デカルトはフェルマにならって線分 EC の長さをイタリック体の大文字の A で表しています．紛らわしいため，本書では小文字のイタリック体 a を用いました）の値ではありません．よって彼の規則は誤りなのです」ときっぱりと主張しました．

法線を引く場合には

　フェルマはデカルトが『幾何学』において提示した方法とは

まったく異なる不思議な接線法を考案して放物線に接線を引くことに成功しましたが，デカルトがフェルマの方法にならって接線を引こうとしたところ，誤った結論に導かれてしまいました．接線の把握の仕方に少々問題があり，そのために誤謬に陥ったのでした．それならデカルトが算出した負の値 $a=-\dfrac{b^2}{2d}$ には何の意味もないのかというと，そうでもありません．なぜなら，この数値があれば放物線に法線を引くことができるからです．実際，点Bにおいて法線BHを引き，線分HCの長さを h とすると，（図6），二つの直角三角形BCEとHCBは相似ですから比例式 $b:a=h:b$ が成立します．$a=2d$ に留意すると，これより $h=\dfrac{b^2}{a}=\dfrac{b^2}{2d}$ が得られて法線と軸の交点Hの位置が判明します．

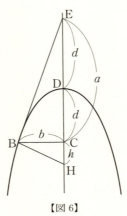

【図6】

適用の仕方を誤って計算した結果，解釈の仕方によっては正しい法線法に到達したとも言えそうですが，やはり偶然の産物と見るのが妥当なところです．

デカルトの言葉 ── フェルマを批判する

　フェルマとデカルトでは接線というものを見る視線が異なっていて，一見して同じように見える仕方でフェルマの方法を適用したにもかかわらず，フェルマは正しく接線を引くことに成功し，デカルトは失敗に終るというふうで明暗が分れました．少しのちにデカルトの計算を批判する人が現れて，デカルトもまたこれに反論するというふうで論争が起ったのですが，1638年1月の書簡の時点では，デカルトは自分で試みた計算を根拠にしてフェルマの方法を批判しました．

　フェルマを批判するデカルトの言葉を拾いたいと思います．フェルマは放物線の接線法を書き綴ったのちに，「よってCEがCDの倍であることが証明された．実際その通りである．方法は決して過たない」と言い添えています．デカルトはこれを引いて，それから正反対の主張を表明しました．

　　この言葉の代わりに次のように言えるでしょう．「こうしてCEがCDの二倍であるという結論は導かれなかった．パラボラ以外においてはパラボラと同じように，実際その通りではない．パラボラにおいては前提の正しさからではなく，偶然により結論が正しかったのだ．そしてわれわれの方法は常に誤るのである」と．

　フェルマが放物線に正しく接線を引くことができたのは偶然にすぎず，フェルマの方法そのものはまちがっているというのがデカルトの言い分です．実に感情的で，辛辣な批判というほかはありません．

　　私からすれば，彼がなぜこれほどの武器しかもたずに挑戦

してきたのかがよほど不思議なのです.
彼の規則（あるいは,彼が見いだしたかったところの規則）は,なんの巧妙さもなく,偶然のみを頼りにしながらも,正しい規則に通じる道にゆきあたるような,そのようなものなのです.その道とは虚偽の措定にほかなりません,そしてそれは帰謬法という,数学において非常に価値が低くまた巧妙さを欠く証明法に基づくものです.

　厳しい批判がどこまでも続きます.デカルトは自分の方法に対しては極端なほど高い評価を与えています.自信の根拠は「式の性質に基づいて」いることに根ざしているようで,次のように言っています.

この規則は代数学を根本から理解していない者には見つけようがないのです.またそれは,最も高貴な証明法,すなわち「ア・プリオリ」[先にあるものからの]と呼ばれる証明法に基づいているのです.

　デカルトは『幾何学』において古典ギリシアの作図問題を省察し,「幾何学に受け入れることのできる曲線はいかなるものか」という問いを立てて思索を重ね,多種多様な曲線が繁茂する世界から「代数的な曲線」の範疇を切り取りました.代数曲線なら代数学の力を自在に援用することができますし,たとえば接線を引くことであれば,諸状勢は結局のところつねに代数方程式の重根条件に帰着されていきます.道筋はこのうえもなく明快で,デカルトはこのような代数学の方法を指して「ア・プリオリな証明法」と呼んでいるように思います.
　フェルマの接線法を「帰謬法に基づくもの」と呼んで批判する理由については,もうひとつよくわからないところがありま

すが,「等しくないものを等置する」とか,「0 でない量を導入して計算を進めながら最後の段階で 0 と置く」などという手法は明晰判明と言い難く,デカルトとしても嫌悪感を隠すことができなかったのでしょう.

デカルトの葉

デカルトの手紙は続き,フェルマの方法のもうひとつの欠陥が指摘されました.それは普遍性の欠如です.放物線のような簡単な形の曲線が相手ならフェルマの方法は有効ですが,ほんのわずかでも困難な問題に直面するとたちまち無力を露呈するというのがデカルトの主張で,例として「デカルトの葉」(図 7,図 8) が提示されました.デカルトの葉というのはデカルトが考案した曲線で,図 7 では BDN で表されています.

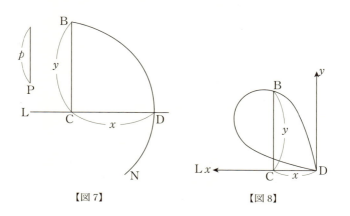

【図 7】　　　　　【図 8】

線分 P は前もって与えられていて,その長さを p とします.直線 L も与えられていて,曲線 BDN は L 上の点 D を通過して

います．曲線 BDN 上の任意の点 B から直線 L に向けて垂線を降ろし，L との交点を C とします．線分 CD の長さを x，線分 BC の長さを y で表すとき，曲線 BDN は方程式

$$x^3 + y^3 = pxy$$

によって表されます．

　フェルマの方法ではこのような曲線に接線を引くことはできないというのがデカルトの主張で，「彼が，規則をよりよく理解した後，それを例えば曲線 BDN の接線を求めるために用いてみれば，彼自身わかるでしょう」などと，口調もいささか挑発めいてます．

　フェルマはこのデカルトの挑発を受けてデカルトの葉に接線を引くことを試みて成功し，メルセンヌに伝えました．

デカルトの所見への批判とデカルトの反批判

　『デカルト全書簡集』第2巻に「デカルトのロベルヴァルおよびエティエンヌ・パスカルに対する反論」という書簡が収録されています（第151書簡）．エティエンヌ・パスカルは「考える葦」で知られているブレーズ・パスカルの父．ロベルヴァルは数学者で，フェルマの文通相手のひとりです．書簡の日付は 1638 年 3 月 1 日．ロベルヴァルとエティエンヌ・パスカルがデカルトの所論に批判を加えたようで，おおかたメルセンヌを経由してデカルトに伝えられたのであろうと思われますが，論説もしくは書簡の原文は失われている模様です．デカルトの反論もだれに宛てて書かれたのか，はっきりしたことはわからないようで，諸説があるということです．

　図2を参照しながら書簡の内容を紹介したいと思います．デカルトが言うには，ロベルヴァルとエティエンヌ・パスカル

はデカルトが語ったことをまちがって受け止めて,「パラボラ BDN 上の与えられた点 B から径(註.本書で軸と呼んでいる直線のことです)CD と点 E で交わるような直線すなわち直線 BE を引くこと.ただしこの線 BE は,パラボラ上の同じ点 B から径 CD と交わるように引かれる直線のうち,最大のものであること」だと思っているということです.そのように理解してデカルトを批判したのに対し,デカルトはこれに反駁し,自分はそのような不合理なことを語った覚えはないとして,実際には,「E において DC と交わり,かつ E からパラボラまで引ける最大の直線である,直線 BE」を求めるべきであると主張したのだと言い返しました.これはデカルトの言うとおりです.

　直線 BE を引くのに B から引くのか,あるいは E から引くのかという点で認識が分れますが,ロベルヴァルとエティエンヌ・パスカルの言葉がデカルトの紹介するとおりとするならまちがっています.なぜなら,B から軸に向かう線にはどれほどでも長いものが存在しますから,それらの中に最大のものは存在しないからです.

　デカルトの言葉のとおりに理解するなら,点 E から放物線に達する線分の中に最大のものが必ず存在し,それが接線 EB にほかならないということになります.図2を見ると,線分 EP のほうが EB より明らかに長いにもかかわらず,デカルトはこれを無意味と見て退けました.EP は放物線にきっかり到達しているというだけにとどまらず,その向こう側までのびていて点 P に届いているからというのがその理由です.この線分の途中の ES だけを考えるべきだというのですから,デカルトは「短い線分 ES」と「長い線分 EP」を区別して短いほうのみに意を注いでいることがわかります.この区別は「E において DC と交わり,かつ E からパラボラまで引ける最大の直線である,直線 BE」という言葉には反映されていません.そのあたりに誤

謬の原因がひそんでいます．

ロベルヴァルの反論

　『デカルト全書簡集』の第162書簡はロベルヴァルの手紙で，デカルトの所論に対する反論が長々と綴られています．日付は1638年4月．宛先は明記されていませんが，文面を見ると，デカルトがこの年の1月にメルセンヌに宛てて書いた手紙（第138書簡）はロベルヴァルのもとに送付されたことがわかります．送付したのはメルセンヌのほかになく，ロベルヴァルはそこに展開されているデカルトの議論に反駁しようとしているのですから，第162書簡の宛先もまたメルセンヌと見てよいのではないかと思います．

　「デカルトは二つの反論を行っています」と前置きして，ロベルヴァルはデカルトの反論を再現しました．第一の反論は，「パラボラと点Bにおいて接する線EBが，径の上に与えられた点Eからパラボラまで引ける最大のものである」とデカルトが考えている点に向けられています．デカルトの言い回しには確かに微妙なところがあります．第138書簡では放物線上に点Bから点Eを見ていたのですが，第151書簡では，その点に加えられた批判に応じて足場をEに移し，Eから放物線を眺めて接点Bを把握しようとしています．ところがロベルヴァルは，「どちらも不合理な話である」と一蹴しました．Bから軸まで線を引くとき，それらの中に最大のものは存在しませんし，Eから放物線まで線を引くときも，それらの中に最大のものはやはり存在しないからというのがロベルヴァルの論拠です．

　ロベルヴァルが指摘したとおり，接線に寄せるデカルトの認識は正確さを欠いていて，そのために誤った結論に導かれてし

まいました．デカルトの議論を根拠にしてもフェルマの方法に欠陥があると主張することはできません．

ロベルヴァルはどこまでも理詰めに反論を展開し，そのうえで，デカルトは「我流の推論を行い，それをフェルマ氏の推論と思わせようとしている」とか，デカルトの誤謬はデカルトが「認識不足であることのみから生じている」などと書き綴り，デカルトの所論を全面的に否定し去ろうとする構えを示しました．平面上に円を描き，その外部の点から円の周上の点に向けて線を引くとき，最大の線とは何かという問いを立て，デカルトの主張によれば，それは接線であることになるとロベルヴァルは言うのですが，実際には「(円の) 中心を通り円周の凹部にまで引かれたもの」が最大の線になります．それはすでにユークリッドが証明していることだとわざわざ言い添えているところに，そんなことも知らないのかと言いたそうな嘲笑と侮蔑の感情が現れています．

つまらない思い違いを口にしてしまったデカルトですが，思うにフェルマの接線法を見るや否やたちまち強度の嫌悪感に襲われて，感情の高ぶりを抑えきれないままに勇み足で転倒してしまったのではないでしょうか．

ロベルヴァルのいうデカルトの「第二の反論」は楕円や双曲線の接線法とも関連がありますので，章をあらためて言及することにします．

第3章
「ほぼ等しいものを等置する」という技巧をめぐって

最大問題の第2の例

　フェルマの論説「最大と最小」を構成する9編の論文のうち，第2番目の論文では，放物線を軸のまわりに回転して形成される円錐状の立体の重心の位置を決定する問題が扱われています．第1論文で採用されたものと同じ方法で解決されるのですが，ここでは当面の間，接線法と最大最小問題から目を離さないことにしたいと思います．

　第3番目の論文に移ると，再び最大最小問題が現れますが，実際には「最大問題」です．平面上に線分ACを引き，その上に点Bを指定してこれを二分します（図1）．

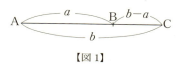

【図1】

一方の線分ABを一辺とする正方形を描き，その正方形を底辺として，もう一方の線分BCを高さとする直方体の体積が最大になるようにするには，点Bの位置をどのように定めたらよいでしょうか．フェルマはこのような問題を提示しました．

　デカルトがそうしたように，フェルマもまた既知量と未知量

を対等に扱って文字で表すのはこれまでに見てきたとおりです．そこで線分 AC の長さを b，線分 AB の長さを a で表すと，線分 BC の長さは $b-a$ になりますから，指定された立方体の体積は
$$\varphi(a) = a^2(b-a) = a^2b - a^3$$
と表示されます．a の数値をずらして a の代りに $a+e$ を用いると，この表示式は
$$\varphi(a+e) = (a+e)^2(b-e-a)$$
$$= ba^2 + be^2 + 2bae - a^3 - 3ae^2 - 3a^2e - e^3$$
となります．$\varphi(a)$ がすでに最大値を与えているという前提のもとで $\varphi(a)$ と $\varphi(a+e)$ を等置して等式
$$\varphi(a) = \varphi(a+e)$$
を作るところに，フェルマの方法の根幹を作るアイデアが現れています．以下，代数の計算が続きます．等式 $\varphi(a) = \varphi(a+e)$ を書き下すと，
$$a^2b - a^3 = ba^2 + be^2 + 2bae - a^3 - 3ae^2 - 3a^2e - e^3.$$
これより $be^2 + 2bae - 3ae^2 - 3a^2e - e^3 = 0$．$e$ で割ると，$be + 2ba - 3ae - 3a^2 - e^2 = 0$．そこで $e=0$ と置くと $2ba - 3a^2 = 0$ となり，これより $\dfrac{b}{a} = \dfrac{3}{2}$ が導かれますから，$AC:AB = 3:2$ となるような地点に点 B を配置すればよいことがわかります．

ディオファントスの言葉

　フェルマの方法の要点は等式 $\varphi(a) = \varphi(a+e)$ を書き下すところにありますが，フェルマはこれを実行する際に「ディ

オファントスのように」と言い添えて，この操作を指して adaequalitas（アダエクアリタース）と呼んでいます．これはラテン語ですが，フェルマ全集の第 3 巻に収録されている「最大と最小」のフランス語訳を参照すると，adégalité（アデガリテ）というフランス語があてられています．

このようなところにどうしてディオファントスが登場するのか，気に掛かります．フェルマ全集の編纂者の指示にしたがってフェルマ全集の第 1 巻，133 頁の脚註を参照すると，ディオファントスは『アリトメチカ』の第 5 巻の問題 14 と問題 17 において，ある特別の目的があって，「おおよそ等しい」ということを示すために παρισότης（パリソテス）と πάρισον（パリソン）という言葉を用いていること，クシランダーとバシェがこれらに adaequalitas および adaequale（アダエクアレ）というラテン語をあてたということが記されています．クシランダーはドイツの古典学者で，最も早い時期にディオファントスの『アリトメチカ』のラテン語訳書（1575 年）を刊行した人物です．

クシランダーの翻訳書は未見ですが，『バシェのディオファントス』を参照すると，第 5 巻の問題 14 のギリシア語原文に πάρισος（パリソス）の一語が見られ，ラテン語への訳文中に対応する訳語 adaequalem（アダエクアレム）が目に留まります． adaequalitas も adaequale も「…の方へ」「…に向って」という意味合いの接頭語 ad を共有しています． ad に続く aequalitas や aequale は「同一であること」「等しいこと」を示す言葉ですから，adaequalitas, adaequale はいずれも「等しいという状態に向うこと」というほどの意味になります．あくまでも「同一に向っている」のであって，「ぴったり同じ」というわけではありません．実際，$\varphi(a)$ と $\varphi(a+e)$ は「同一」ではなく，「おおよそ同一」という程度のことにすぎないのですが，それでも

フェルマはこの二つの量を等号で結びました（図 2）．

　ライプニッツの流儀にならうなら，$y=\varphi(x)$ という等式を書き，これを曲線の方程式とみなして概形を描くことを考えるところです．ライプニッツが微分計算を考案したのもそのため

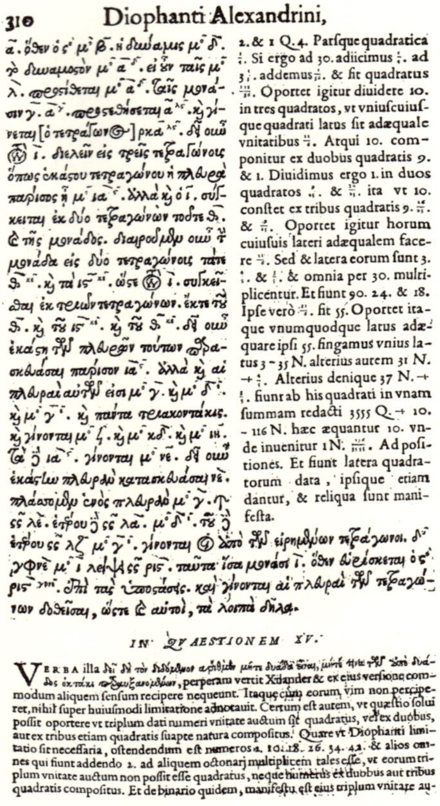

【図2】『バシェのディオファントス』第 5 巻，問題 14 より
左列ギリシア語原文 8 行目の最初の単語は πάρισος
右列ラテン語訳文の 13 行目の左から 3 番目に訳語 adaequalem が見える．

ですし，これを遂行して上方に向って凸状になっている地点が見つかったなら，その場所を指定する x の値は $\varphi(x)$ の極大値を与えます．フェルマが取り上げた事例では $y = \varphi(x) = bx^2 - x^3$ となり，3次曲線のグラフが描かれて，x の変域を区間 $0 \leqq x \leqq b$ に限定すると $x = \dfrac{2}{3}b$ において最大値をもつことがわかります（図3）．

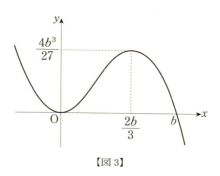

【図3】

$x = \dfrac{2}{3}b$ という数値は，ライプニッツの流儀で微分計算を遂行して等式 $dy = (2b - 3x)xdx$ を作り，これを0と等値することにより得られます．この場合，この極大値は同時に最大値でもあります．

フェルマの発見をめぐって

　フェルマの方法では量 e は当初は0ではなく，計算の手順を進めて最後の段階で0と等値するのですが，まるで e を限りなく0に近づけていく極限操作を行っているかのような印象があ

り，ライプニッツというよりもむしろコーシーが提案した微分係数の計算とそっくりです．数学史の立場からすると，はたしてフェルマを 200 年後のコーシーの微分法の先駆者と見てよいのかどうかという議論が成立しそうです．フェルマが発見したのは接線法と最大最小問題を同じ手法で論じる方法です．このあたりの消息はおおよそ半世紀ののちの 1684 年 10 月の『学術論叢（アクタ・エルディトールム）』に掲載されたライプニッツの論文「分数量にも無理量にもさまたげられることのない最大・最小ならびに接線を求めるための新しい方法，およびそれらのための特異な計算法」にも継承されていることですし，フェルマの影響はライプニッツに及ぼされているのはまちがいないと思われます．オイラーがそうしたように，曲線の代りに関数を基礎に据えて理論を構築しても最大最小問題と接線法を同一の手法で取扱うことが可能です．

　フェルマは確かに斬新な手法を発見し，その発見を後年のライプニッツやオイラーやコーシーの先駆と見るのは理屈のうえでは可能ですが，フェルマの心情を理解するうえで後世の人びとの営為と比較するのはあまり意味がないように思います．そうかといってフェルマに先行する人びと，たとえばヴィエトのような人の影響を過度に強調するのもよくないように思います．確実なのはフェルマは何事かを発見したという一事であり，数学的発見は発見した人に固有の事象です．

　量 $\varphi(a)$ が類似の諸量の中で最大になっているという状況の中に何かしら特有の現象が起っているのはまちがいありませんし，フェルマはそれをディオファントスの言葉を借りて「ほぼ等しい」と言い表しました．デカルトの「曲線の理論」のような基礎理論が提示されたわけではありませんので，デカルトにしてみれば何かしらいかがわしいものを見てしまったかのよう

に思われて，さぞかし不快だったのではないでしょうか．

パップスの最小問題（1）── フェルマの解法

　最大最小問題は古典ギリシアの時代にすでに存在していたようで，フェルマはアポロニウスの著作 De determinata sectione（定切断について）から最小問題の一例を採取して紹介しています．平面上に線分 OD を引き，その上に2点 M, I を指定します（図4）．

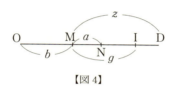

【図4】

さらに線分 MI を点 N において二分して，比
$$\frac{ON \times ND}{MN \times NI}$$
が最小になるようにせよというのが，フェルマが取り上げた問題です．$ON \times ND$ も $MN \times NI$ も長方形の面積を表しています．

　例によっていろいろな線分に名前をつけることにして，線分 OM, DM, MI の長さをそれぞれ b, z, g で表します．これらは既知量です．また，線分 MN の長さを a とします．これは未知量です．このように定めると，線分 ON, ND, NI の長さはそれぞれ $b+a, z-a, g-a$ ですから，
$$ON \times ND = (b+a)(z-a) = bz - ba + za - a^2$$
$$MN \times NI\ = a(g-a) = ga - a^2$$

となります．それゆえ，懸案の比は

$$\frac{\mathrm{ON} \times \mathrm{ND}}{\mathrm{MN} \times \mathrm{NI}} = \frac{bz-ba+za-a^2}{ga-a^2}$$

と表示されます．これを $\varphi(a)$ で表します．以下，前と同様の計算が続きます．まず，

$$\varphi(a+e) = \frac{bz-ba-be+za+ze-a^2-e^2-2ae}{ga+ge-a^2-e^2-2ae}.$$

それゆえ，「ほぼ等しいものを等置することにより (per adaequalitatem)」，等式 $\varphi(a) = \varphi(a+e)$ を書き，分母を払うと，等式

$$(bz-ba+za-a^2)(ga+ge-a^2-e^2-2ae)$$
$$= (ga-a^2)(bz-ba-be+za+ze-a^2-e^2-2ae)$$

が生じます．両辺を展開し，相殺する諸項を削除すると，等式

$$bzge - a^2ge - bze^2 + bae^2 - zae^2 - 2bzae - 2za^2e + 2ba^2e$$
$$= -gae^2 - 2ga^2e + ba^2e - za^2e$$

が得られます．両辺を e で割ると，

$$bzg - a^2g - bze + bae - zae - 2bza - 2za^2 + 2ba^2$$
$$= -gae - 2ga^2 + ba^2 - za^2.$$

ここで $e=0$ と置き，残される諸項を書くと，等式

$$bzg - a^2g - 2bza - 2za^2 + 2ba^2 = -2ga^2 + ba^2 - za^2.$$

が得られますが，これは未知量 a に関する2次方程式

$$(z-b-g)a^2 + 2bza - bzg = 0$$

にほかなりません．これを解くと，$z-b-g$ の正負にかかわらず，g よりも小さい a の正の根がひとつ手に入り，その値を採用すれ

ば点 N の位置が確定します．a の値は既知量 b, z, g に対して加減乗除と「平方根を取る」という五つの演算（代数的演算と総称されています）を施して組み立てられる表示式ですから，定規とコンパスのみを用いて点 N の位置を作図することができます．

フェルマの方法に沿うという方針で計算を進める以上，これでよいと思いますが，これだけでは最大値と最小値の区別がつきませんので実際にはもう少し吟味が必要になりそうです．

パップスの最小問題（2）── パップスの解法

フェルマによると，前記の問題はパップスが『数学集録』の第 7 巻で取り上げているようで，解答も記載されている模様です．それによると，点 N の位置を決定するには等式

$$\frac{\mathrm{OM} \cdot \mathrm{MD}}{\mathrm{OI} \cdot \mathrm{ID}} = \frac{\mathrm{MN}^2}{\mathrm{NI}^2}$$

が成立するように定めなければならないということで，フェルマはこれを「パップスの命題」と呼んでいます．この等式をフェルマが定めた記号を用いて書き表すと，

$$\frac{bz}{(b+g)(z-g)} = \frac{a^2}{(g-a)^2}$$

となりますが，計算を進めると，フェルマが書いたのと同じ 2 次方程式 $(z-b-g)a^2 + 2bza - bzg = 0$ が出現します．この状況を指して，パップスの命題は確かめられたというのがフェルマの所見です．

フェルマの目にはパップスが書き留めた解答にはいくつもの欠陥が映じたようで，それらを解消することも新たな手法の開発を試みた動機になったのではないかと思います．

解の一意性をめぐって

　フェルマは「ほぼ等しいものを等置する」という手法を発見していろいろな最大最小問題を解きましたが，アポロニウスの著作から一例を引いたのはなぜかというと，フェルマ自身の言うところによると，自分の方法が確実であることを確かめるためでした．パップスは『数学集録』の第7巻の冒頭で，この問題はいくつもの困難な制限を抱えていると述べています．そのような認識がありながらあるひとつの事実を証明もないままに正しいとみなし，そこからいろいろな事柄を導きました．その一事実というのは解の一意性のことで，それを確認することこそが最大の困難なのだというのがフェルマの所見です．パップスは最小の比 $\dfrac{ON \times ND}{MN \times NI}$ を指して μοναχὸυ καὶ ἐλάχιστου と呼んでいるとのこと．μοναχὸυ（モナコン）は「単独」, ἐλάχιστου（エラキストン）は「最小」の意で，解の一意性が語られています．フェルマの解法では2次方程式に導かれますので2根が生じます．負の根や g より大きい根のように，「NがMIを二分する」という条件に合わない根は捨てなければなりませんから解の一意性は明白で，この点を明らかにしたところにパップスを凌駕したという自負が感じられます．

楕円の接線

　最大最小問題に続いて，フェルマは楕円に接線を引くことを試みました．平面上に楕円を描くのですが，軸をZNとし，中心をRとします（図5）．

第3章 「ほぼ等しいものを等置する」という技巧をめぐって

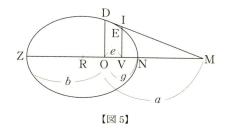

【図5】

楕円の周上に点 D を取り，D において接線 DM を引くことをめざします．M は楕円の軸の延長線上の点で，D における接線との交点です．D から軸に向って垂線 DO を降ろします．線分 OZ, ON, OM の長さをそれぞれ b, g, a で表します．b と g は既知量，a は未知量です．a の値を既知量を用いて表示することができたなら，それで点 M の位置が定まりますから接線を引くことができます．

2 点 O と N の間に点 V を取り，線分 DO と平行に線分 IEV を引きます．I はその線分と接線との交点，E は楕円との交点です．線分 OV の長さを e で表します．線分 DM は楕円に接しているのですから，この線分上の点は D を除いてすべて楕円の外側にあります．それゆえ，不等式 IV > EV が成立し，ここから不等式

$$\frac{DO^2}{EV^2} > \frac{DO^2}{IV^2}$$

が導かれます．ここで，楕円の性質により，等式

$$\frac{DO^2}{EV^2} = \frac{ZO \cdot ON}{ZV \cdot VN}$$

が成立します．

この等式を確認するために，楕円の中心 R において軸に垂直な線分 AR を立ててみます．A は楕円の周上の点です（図 6）．

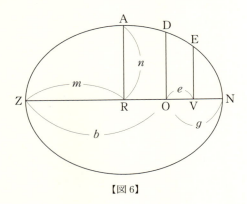

【図6】

線分 ZR, AR の長さをそれぞれ m, n で表すと,楕円の性質により等式
$$\frac{RO^2}{m^2} + \frac{DO^2}{n^2} = 1, \ \frac{RV^2}{m^2} + \frac{EV^2}{n^2} = 1$$
が成立します.ここで $RO = b - m$, $RV = b + e - m$ ですから,
$$\frac{(b-m)^2}{m^2} + \frac{DO^2}{n^2} = 1, \ \frac{(b+e-m)^2}{m^2} + \frac{EV^2}{n^2} = 1.$$
よって,
$$DO^2 = \frac{n^2}{m^2}\{m^2 - (b-m)^2\}$$
$$= \frac{n^2}{m^2} \times b(2m - b) = \frac{n^2}{m^2} \times ZO \cdot ON$$
$$EV^2 = \frac{n^2}{m^2}\{m^2 - (b+e-m)^2\}$$
$$= \frac{n^2}{m^2} \times (b+e)(2m - b - e) = \frac{n^2}{m^2} \times ZV \cdot VN.$$
ここから等式 $\dfrac{DO^2}{EV^2} = \dfrac{ZO \cdot ON}{ZV \cdot VN}$ が導かれます.

 他方,二つの直角三角形 $\triangle DOM, \triangle IVM$ は相似であること

に留意すると，等式
$$\frac{\mathrm{DO}^2}{\mathrm{IV}^2}=\frac{\mathrm{OM}^2}{\mathrm{VM}^2}$$
が成立することがわかります．これらを不等式
$\frac{\mathrm{DO}^2}{\mathrm{EV}^2}>\frac{\mathrm{DO}^2}{\mathrm{IV}^2}$ にあてはめると，不等式
$$\frac{\mathrm{ZO}\cdot\mathrm{ON}}{\mathrm{ZV}\cdot\mathrm{VN}}>\frac{\mathrm{OM}^2}{\mathrm{VM}^2}$$
が生じます．ここで，$\mathrm{ZO}\cdot\mathrm{ON}=bg$，$\mathrm{ZV}\cdot\mathrm{VN}=(b+e)(g-e)=bg-be+ge-e^2$，$\mathrm{OM}^2=a^2$，$\mathrm{VM}^2=(a-e)^2=a^2+e^2-2ae$ ですから，
$$\frac{bg}{bg-be+ge-e^2}>\frac{a^2}{a^2+e^2-2ae}.$$
それゆえ，$bg(a^2+e^2-2ae)>a^2(bg-be+ge-e^2)$．よって $bga^2+bge^2-2bgae>bga^2-bea^2+gea^2-a^2e^2$ となります．これは不等式ですが，「ほぼ等しいものを等置する」という「私の方法に従って」（フェルマの言葉）不等号を等号に変えて等式を作ると，両辺の共通項 bga^2 が相殺して，等式 $bge^2-2bgae=-bea^2+gea^2-a^2e^2$ が生じます．e で割ると，$bge-2bga=-ba^2+ga^2-a^2e$．$e=0$ と置くと，$-2bga=-ba^2+ga^2$．a で割ると，$-2bg=-ba+ga$．これより，
$$a=\frac{2bg}{b-g}$$
が得られます．

　フェルマの方法には今日の微分法とよく似た印象がありますが，楕円の接線法では微分法との関係が見えにくい等式

$$\frac{ZO \cdot ON}{ZV \cdot VN} = \frac{OM^2}{VM^2}$$

から出発して計算を進めています．

アポロニウスの接線法

フェルマはアポロニウスの接線法も紹介しています．アポロニウスによると，点 M の位置は等式

$$\frac{ZO}{ON} = \frac{ZM}{MN}$$

が成立するように定めなければならないということです．これをフェルマが指定した記号を用いて書き直すと $\frac{b}{g} = \frac{a+b}{a-g}$ という等式が生じ，ここから $a = \frac{2bg}{b-g}$ が取り出されます．この値はフェルマの方法で得られたものと同じです．

古典ギリシアの著作は失われたものが多いようですが，フェルマはパップスの『数学集録』を見てアポロニウスの著作の内容を知ったのであろうと思われます．このあたりの消息はデカルトも同じで，デカルトの『幾何学』には「3 線・4 線の軌跡問題」など，パップスの『数学集録』から採取した問題がいくつも紹介されていました．デカルトもフェルマも古典ギリシアの数学の遺産を継承し，古典ギリシアの手法では解けなかった問題を解いたり，解けた問題でも解き方に批判を加えたりというふうで，継承の仕方にきびしい批判と斬新な創意が認められます．批判を加えるという点ではデカルトにもフェルマにも同じ姿勢が見られます．フェルマはパップスの最小問題とその解法を見て大きな不満を感じたようですし，アポロニウスによる楕円の接線法も気に入らなかったのでしょう．そのうえでまっ

たく独自の手法を発見して,最大最小問題も接線法も一挙に解決することができました.

楕円の接線ならデカルトも引くことができましたが,その方法はフェルマとはまったく異なっています.古典ギリシアの遺産の継承という共通の目的をめざして力を合わせるというふうにはならず,かえって激しい対立が起りました.その対立のみなもとには何が横たわっているのでしょうか.現代数学の黎明期に発生した現象でもあることですし,数学はいかにして成立したかという問題を考えるとき,大きな興味を誘われます.

第4章
最大最小問題のいろいろ

最大最小問題再考

『最大と最小』で取扱われるテーマは最大最小問題，図形の重心の決定，接線法などですが，最大最小問題と接線法は幾度も繰り返して現れます．第4番目の論文のテーマも最大最小問題で，ここで語られるのは**ヴィエトの方法**です．フェルマの言葉を拾っていくと，フェルマはヴィエトの著作を研究して，最大最小問題を取り扱うためのアイデアを得た模様です．

最初に挙げられているのは，

　　　　長さ b の線分を二分して，そのようにして生じる二つの
　　　　線分を二辺とする長方形の面積が最大になるようにせよ．

という問題で，第1論文でも取り上げられました．長さ b の線分 AC を点 B において二分して生じる二つの短い線分のうち，一方の線分 AB の長さを a で表すと，もう一方の線分 BC の長さは $b-a$ ですから，長方形の面積は $\varphi(a)=ba-a^2$ で表されます（図1）．

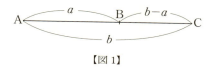

【図1】

この面積が最大になるのは，与えられた線分を中点において二分するとき，すなわち $a=\dfrac{b}{2}$ のときであり，最大値は $\dfrac{b^2}{4}$ です．それは明らかなことだとフェルマは言うのですが，この確信は，すでに独自の手法により解決済みであることに由来するのであろうと思います．他のいかなる分割に対しても，言い換えると $\dfrac{b}{2}$ 以外のいかなる a に対しても，$\varphi(a)$ の値が $\dfrac{b^2}{4}$ に等しくなることはありません．

　これに対し，面積 $\varphi(a)$ が $\dfrac{b^2}{4}$ よりも小さい数値 z^{II}（この不思議な記号はフェルマによる原文のフランス語訳で使われているものです．次節も参照）に等しくなるように線分を二分しようとすると，そのような分割の仕方はひととおりではなく，該当する分点は二つ見つかります．しかもそれらの 2 点は線分の中点の両側に配置されています．これは等式 $ba-a^2=z^{\mathrm{II}}$ を a に関する 2 次方程式と見て a の値を求めるとすぐにわかります．実際，この方程式の 2 根は

$$a=\frac{b\pm\sqrt{b^2-4z^{\mathrm{II}}}}{2}$$

と表示されます．根 $a=\dfrac{b+\sqrt{b^2-4z^{\mathrm{II}}}}{2}$ に対応する点は中点の右側に，根 $a=\dfrac{b-\sqrt{b^2-4z^{\mathrm{II}}}}{2}$ に対応する点は中点の左側に配置されています．これらの 2 点は，z^{II} が次第に増大して $\dfrac{b^2}{4}$ に近づいていくのにつれて接近し，ついに中点において合致します．

　このような諸事情は今日の目には明白ですし，わざわざ明記するほどのこととも思われません．それでもフェルマの心情を

付度すると気掛かりなことがあったのではないかという印象もあります．第1論文では，「ほぼ等しいものを等置する」という方法により $a=\dfrac{b}{2}$ という解答が示されました．この結論に寄せる確信が揺らぐことはないとしても，上記のような手順を踏んで歩みを進めていくと，第1論文で得られた解答の一意性がおのずと目に見えてくるような思いがします．ある方法を提示して解答に到達したものの，もしかしたらほかにも解答があるかもしれませんし，そのあたりが気になっていたのでしょう．

ヴィエトの方法

フェルマは等式 $ba-a^2=z^{\mathrm{II}}$ と**相互に関連するもうひとつの等式** $be-e^2=z^{\mathrm{II}}$ を提示し，そのうえでこれらの二つの等式を**ヴィエトの方法**により（フェルマの言葉）比較して等式 $ba-a^2=be-e^2$ を書きました．これより $b(a-e)=(a-e)(a+e)$. 両辺を $a-e$ で割ると，等式

$$b=a+e$$

が得られます．ここまで計算を進めておいて，さてあらためて $e=a$ と置くと，$b=2a$，したがって $a=\dfrac{b}{2}$ が求められます．ヴィエトには「ほぼ等しいものを等置する」という意識はありません．

「相互に関連する等式」の原語のラテン語は æquatio correlata で，フランス語訳では l'équatin corrélative という言葉があてられています．$ba-a^2=z^{\mathrm{II}}$ という等式はフランス語訳に見られるものですが，ラテン語の原文を見ると，B in $A-A$

quad. æquale Z plano と書かれています．B in A は $B \times A$，A quad. は A^2，Z plano の plano は平面を意味するラテン語 plano の与格ですから，B in $A-A$ quad. æquale Z plano は「$BA-A^2$ は平面 Z に等しい」というほどの意味になります．アルファベットの A や B がイタリック体で表記されているのは原文をそのまま写したもので，線分の長さを表しています．イタリック体ではなく立体のアルファベット A, B, C などを書けば，それらは点を表す記号です．混同しやすいというほどの配慮のためか，フランス語訳では線分の長さはアルファベットの小文字を用いて $a, b, \cdots$ などと表記されています．フェルマは前に第 3 論文で例示した最大問題をもう一度取り上げて，前のものとは少々異なる解法を書いています．その問題を再掲すると次のとおりです．

> 前問と同じく平面上に線分 AC を引き，その上に点 B を指定してこれを二分する（図 1）．一方の線分 AB を一辺とする正方形を描き，その正方形を底辺として，もう一方の線分 BC を高さとする直方体を作るときの体積が最大になるようにするには，点 B の位置をどのように定めたらよいだろうか．

線分 AC の長さを b，線分 AB の長さを a で表すと，線分 BC の長さは $b-a$ になりますから，指定された直方体の体積は
$$\varphi(a) = a^2(b-a) = ba^2 - a^3$$
という式で表されます．この等式と相互に関連する等式 $\varphi(e) = e^2(b-e) = be^2 - e^3$ を作り，これらを等値して等式 $\varphi(a) = \varphi(e)$ を作ります．これを書き直すと $ba^2 - a^3 = be^2 - e^3$．

すなわち $ba^2 - be^2 = a^3 - e^3$ となります．両辺を $a-e$ で割ると，$ba + be = a^2 + ae + e^2$．ここまでのところでは e は a と異なる数値だったのですが，この等式において $e = a$ と置くと，$2ba = 3a^2$ となり，これより

$$3a = 2b$$

が導かれます．

この計算手順を眺めると，式 $\varphi(a)$ はまるで変化量 a の関数のようで，その微分係数を与える極限値

$$\lim_{e \to a} \frac{\varphi(e) - \varphi(a)}{e - a} = \lim_{e \to a} \{(be + ba) - (e^2 + ae + a^2)\} = a(2b - 3a)$$

を算出しているように見えるのがいかにも不思議です．この計算結果を 0 と等値すると，等式 $3a = 2b$ が得られます．微積分の応用として極値問題を解く際の手順と同じです．

この計算の要点は $a-e$ で割るところです．一般的に見るとこの割り算は複雑になりがちで，フェルマも「非常につらい」(原文は nimis et plerumque intricata．「たいていは非常に煩雑」の意．フランス語訳は trop pénibles となっています) などと書いています．この煩雑さを緩和するためには，e をはじめから $a+e$ という形に設定しておけば計算がいくぶんかんたんになるとも言い添えられていますが，それでしたら第3論文の段階ですでに実行されています．微積分のような記法で書くなら，$\lim_{e \to a} \dfrac{\varphi(e) - \varphi(a)}{e - a}$ ではなく $\lim_{e \to 0} \dfrac{\varphi(a+e) - \varphi(a)}{e}$ のほうが計算が容易になるという感想が語られたことになります．

ヴィエトの方法では「相互に関連する式」を等置して代数的な式変形が繰り返されているのみであり，「ほぼ等しいものを等置する」というフェルマの方法のようないくぶん曖昧な印象を惹起されることはありません．

ヴィエトの方法のもうひとつの適用例

　今度は直方体と立方体の体積の差を表す式 $\varphi(a)=b^2a-a^3$ を取り上げて，ヴィエトの方法を適用してみます．$\varphi(a+e)$ を計算すると，$\varphi(a+e)=b^2(a+e)-(a+e)^3=b^2a+b^2e-a^3-e^3-3a^2e-3e^2a$．これを相互に関連する式 $\varphi(a)=b^2a-a^3$ と等値すると，$b^2a+b^2e-a^3-e^3-3a^2e-3e^2a=b^2a-a^3$．これより $b^2e=e^3+3a^2e+3e^2a$．両辺を e で割ると，等式
$$b^2=e^2+3a^2+3ae.$$
が得られます．ここまで計算を進めておいて，それから $e=0$ と置くと，$b^2=3a^2$ となり，求める a の値 $a=\dfrac{b}{\sqrt{3}}$ が求められます．b の方程式と見るともうひとつの数値 $a=-\dfrac{b}{\sqrt{3}}$ も見つかりますが，これは明らかに不適当です．この問題の場合には迷いは生じませんが，問題によっては高次方程式を解かなければならないこともありえますし，その場合にはもう少し精密な検討が要請されるかもしれません．

　この計算では，まるで極限値 $\displaystyle\lim_{e\to 0}\dfrac{\varphi(a+e)-\varphi(a)}{e}=b^2-3a^2$ が算出されたように見えます．また，$\varphi(a)=\varphi(e)$ と置いて等式 $\varphi(a)-\varphi(e)=0$ を作り，$a-e$ で割る計算を実行しても容易に進行します．

分数式の最大最小

　フェルマはパップスの『数学集録』，第 7 巻，命題 61 に事寄せて，アポロニウスの『定切断について』に取材した問題を挙

54

第 4 章 極大極小問題のいろいろ

げました．パップスが難問と見ていた問題で，ヴィエトも取り上げていないということです．そのようなむずかしい問題をあえて持ち出したのはなぜかというと，フェルマ自身の言葉によれば，自分の方法の一般性を示すためでした．

解くべき問題は次のとおりです．

　線分 BDEF 上の 2 点 D, E の間に点 N を取り，BN×NF と DN×NE の比が最小になるようにせよ．（図 2）

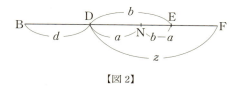

【図 2】

記号が異なっていますが，前に第 3 章の「パップスの最小問題 (1)——フェルマの解法」(39–41 頁参照) で取り上げた問題と同じです．DE = b, DF = z, BD = d, DN = a と置きます．d, b, z は定量です．探索するのは点 N の位置ですから，問題の要請に該当する a の値を決定することが課されていますが，この問題では今度は分数式

$$\varphi(a) = \frac{dz - da + za - a^2}{ba - a^2}$$

が現れます．以下，フェルマの方法に沿って計算を進めます．a の代わりに e を取って「相互に関連する式」$\varphi(e)$ を作り，二つの比を等置して等式 $\varphi(a) = \varphi(e)$ を作ります（第 3 章では等式 $\varphi(a+e) = \varphi(a)$ を作りました）．分母を払って計算を進めると，等式

55

$$dzbe-dze^2-dabe+dae^2+zabe-zae^2-a^2be+a^2e^2$$
$$=dzba-dza^2-deba+dea^2+zeba-e^2ba+e^2a^2-a^2ze$$

が生じます．左右両辺の同じ項を相殺して削除すると，

$$dzba-dzbe+dea^2-dae^2-zea^2+zae^2+a^2be-e^2ba$$
$$=dza^2-dze^2$$

となります．これを $a-e$ で割るのですが，

$$dzb(a-e)+dae(a-e)-zae(a-e)+bae(a-e)=dz(a^2-e^2)$$

と書き直しておくと割り算が容易に進行し，

$$dzb+dae-zae+bae=dza+dze$$

という結果に到達します．ここまで計算を進めたうえで $e=a$ と置くと，a に関する2次方程式 $dzb+da^2-za^2+ba^2=2dza$，すなわち $(d-z+b)a^2-2dza+dzb=0$ が生じます．これを解くと，適合する a の値がひとつだけ得られて，その a に対応する点 N が D と E の間に定まります．$\varphi(a)$ は最大値と最小値のどちらを与えるのかを決定する作業が残されていますが，ここまで計算が進めばそれほど大きな困難があるわけではありませんし，フェルマにしても見ればわかるだろうという程度に見ていたような印象があります．

「$a-e$ で割る」方法と「e で割る」方法については，後者のほうが計算が楽になるとフェルマは考えている模様です．自分が発見した方法の確実さと一般性については，フェルマは強固な確信を抱いていたようで，決して偶然の産物ではないことを強調しようとして，次のような問題を挙げました．

平面上に 3 点が与えられているとして，第 4 の点，すなわち，その点から与えられた 3 点までの距離の総和が最小になるような点を見つけること．

今日の微積分の視点から見れば，平面上に直交座標系を描くことにより，この問題は 2 変数関数の極値問題として取り扱うことができそうです．このような問題を解くには偶然の技法に頼るのでは無理で，何らかの根拠に裏打ちされた方法が不可欠のように思えます．フェルマは問題を提示したのみで，独自の解法を示していませんが，自分には解けるという自信があったのでしょう．

無理式に対する最大最小問題

最大最小の方法についてはいくつかの事例を通じてだいぶ様子が明らかになりましたが，第 5 論文「最大最小の方法への補遺」に移ると無理式が登場します．提示される問題は次のとおりです．

平面上に直径 AB の半円を描き，直径上の点 C において垂線 CD を立てるとき，線分 AC と CD の和が最大になるようにせよ．（図 3）

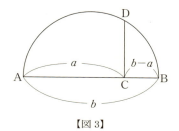

【図 3】

直径 AB の長さを b として，線分 AC の長さを a で表すと，線分 CB の長さは $b-a$ となります．二つの直角三角形 ADC, DBC は相似ですから，比例式 AC:CD＝CD:CB が成立します．これより線分 CD の長さは $\sqrt{ba-a^2}$ であることがわかります．それゆえ，線分 AC と CD の和は $a+\sqrt{ba-a^2}$ となります．この式の最大値を求めたいのですが，フェルマはこれまでの手法を少し改変して計算を進めました．

　フェルマはヴィエトが提案した記号法を採用して，$\varphi(a)=a+\sqrt{ba-a^2}$ の最大値をアルファベットの大文字 O のイタリック体で表しましたが，フランス語訳では小文字の o のイタリック体に変更され，そのうえでなお，アルファベットの o と数字の 0 が混同されやすいという理由により，o の上にバーを配置して $\bar{o}$ と表記されています．本書ではバーをつけずに小文字のアルファベットをそのまま使うことにします．

　フェルマはある a に対して式 $\varphi(a)$ が最大値に達したとして，等式

$$a+\sqrt{ba-a^2}=o$$

を書き，この o を第 3 の未知量と呼びました．これを $o-a=\sqrt{ba-a^2}$ と書き直し，それから $o^2+a^2-2oa=ba-a^2$, $ba-2a^2+2oa=o^2$ と計算を進めます．o は最大値ですから o^2 も最大値．それゆえ，$ba-2a^2+2oa$ もまた最大値です．この式を $\psi(a)=ba-2a^2+2oa$ で表して，従来の手法を適用します．「相互に関連する式」$\psi(a+e)$ を $\psi(a)$ と等値して等式 $\psi(a)=\psi(a+e)$，すなわち

$$ba-2a^2+2oa=ba+be-2a^2-2e^2-4ae+2oa+2oe$$

を作り，相殺する諸項を削除すると，等式

$$be + 2oe = 2e^2 + 4ae$$

が残ります．両辺を e で割ると，$b+2o = 2e+4a$．そこで $e=0$ と置くと，$b+2o = 4a$．これより最大値

$$o = 2a - \frac{1}{2}b$$

が求められます．

最大値を与える a の値を決定するために，この等式 $o = 2a - \frac{1}{2}b$ を出発点の等式 $a + \sqrt{ba - a^2} = o$ と連立させると，

$$2a - \frac{1}{2}b = a + \sqrt{ba - a^2}.$$

よって，$a - \frac{1}{2}b = \sqrt{ba - a^2}$．両辺の平方を作ると，

$a^2 + \frac{1}{4}b^2 - ba = ba - a^2$．これより

$$8a^2 - 8ab + b^2 = 0$$

となります．これを a に関する 2 次方程式と見て解けば，最大値を与える a の値

$$a = \left(\frac{1}{2} + \frac{1}{2\sqrt{2}}\right)b$$

が求められます．

従来の方法によると

フェルマは少々技巧を凝らした手順を経て式 $\varphi(a) = a + \sqrt{ba - a^2}$ の最大値と，その最大値を与える a の値を算出しましたが，この算出はこれまでと同じ方法をそのまま適用しても可能です．実際，「相互に関連する式」$\varphi(e)$ と等値して等式 $\varphi(a) = \varphi(e)$ を書くと，

$$a+\sqrt{ba-a^2}=e+\sqrt{be-e^2}.$$

これより,
$$\begin{aligned}a-e&=\sqrt{be-e^2}-\sqrt{ba-a^2}\\&=\frac{(be-e^2)-(ba-a^2)}{\sqrt{be-e^2}+\sqrt{ba-a^2}}=\frac{b(e-a)-(e^2-a^2)}{\sqrt{be-e^2}+\sqrt{ba-a^2}}.\end{aligned}$$

両辺を $a-e$ で割ると,
$$1=\frac{-b+e+a}{\sqrt{be-e^2}+\sqrt{ba-a^2}}.$$

が生じます.そこで $e=a$ と置くと,$2\sqrt{ba-a^2}=-b+2a$.両辺の平方を作り,計算を進めると,先ほどと同じ方程式 $8a^2-8ab+b^2=0$ が得られます.ここから出発して計算を進めると,$\varphi(a)=a+\sqrt{ba-a^2}$ の最大値 $o=2a-\frac{1}{2}b$ が求められますが,この計算は少々煩雑です.

球に内接する最大の円錐

第5論文で提示された第2番目の問題は次のとおりです.

与えられた球に内接する最大の円錐を見つけること.(図4)

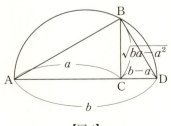

【図4】

第4章　極大極小問題のいろいろ

　最大の円錐というのは，最大の表面積をもつ円錐を指しています．与えられた球の直径 AD を b で表します．AC は内接する円錐の高さですが，それを a で表します．BC は円錐の底円の半径ですが，二つの直角三角形 ABC と BDC は相似ですから，比例式 AC : BC＝BC : DC が成立し，ここから $BC = \sqrt{ba-a^2}$ が導かれます．AB は直角三角形 ABC の斜辺ですから，ピタゴラスの定理により，その長さは $\sqrt{ba}$ で与えられます．

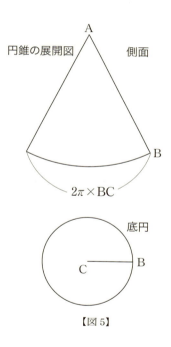

【図5】

　フェルマはアルキメデスの名を挙げて，円錐の表面積は
$$AB \times BC + BC^2$$
で与えられることを明記して，問題解決の出発点を設定しまし

た（円周率を乗じる必要がありますが，省かれています）．フェルマの全集，第1巻にはこの箇所に脚註が附せられて，アルキメデスの著作『球と円柱について（De sphoera et cylindro）』が挙げられています．円錐の展開図を作成し，側面に由来する扇形の面積と底円の面積を算出して加えれば，円錐の表面積が得られます．

それゆえ，円錐の表面積は式 $\sqrt{b^2a^2-ba^3}+ba-a^2$ で表されます．前問でフェルマが示した「第3の未知量を取る方法」に従うと，この式が最大値 o を取るとして等式 $\sqrt{b^2a^2-ba^3}+ba-a^2=o$ を書き，$o+a^2-ba=\sqrt{b^2a^2-ba^3}$ と変形します．ここから先も前問の手順のとおりに進めていけば求める最大値に到達しますが，フェルマはこれを遂行せず，通常の方法で十分と宣言して別の道を歩みました．

AB は与えられた線分として，その長さを b で表します（図6）．

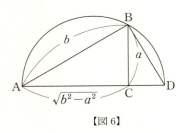

【図6】

線分 CB の長さを a で表すと，$AC=\sqrt{b^2-a^2}$ となります．二つの直角三角形 ABC と ADB は相似ですから，等式

$$\frac{AC^2}{AB^2}=\frac{AB^2}{AD^2}$$

が成立し，これより

第4章　極大極小問題のいろいろ

$$AD^2 = \frac{AB^4}{AC^2} = \frac{b^4}{b^2-a^2}$$

という表示式が得られます．

このような状勢のもとで，提示された問題は比

$$\frac{CB \times BA + CB^2}{AD^2} = \frac{ba+a^2}{\frac{b^4}{b^2-a^2}} = \frac{b^3a+b^2a^2-ba^3-a^4}{b^4}$$

の最大値を求めることに帰着されます（母線 b の円錐が球に内接する状態が考えられています）．b^4 は定量ですから式 $\varphi(a) = b^3a + b^2a^2 - ba^3 - a^4$ の最大値を求めることになります．以下，フェルマが考案した手法に沿って計算が進みます．「相互に関連する式」$\varphi(e)$ を作り，等式 $\varphi(a) = \varphi(e)$ を書くと，

$b^3a + b^2a^2 - ba^3 - a^4 = b^3e + b^2e^2 - be^3 - e^4$. $a-e$ で割ると，$b^3 + b^2a + b^2e - ba^2 - bae - be^2 - a^3 - ae^2 - ea^2 - e^3 = 0$. $e = a$ と置くと，$b^3 + 2b^2a = 3ba^2 + 4a^3$ が得られます．これは a に関する3次方程式ですが，

$$b^3 + 2b^2a - 3ba^2 - 4a^3 = (b+a)(b^2+ba-4a^2) = 0$$

と因数分解されますので，a を求める作業は2次方程式 $b^2+ba-4a^2=0$ に帰着され，これを解いて，

$$a = \frac{1+\sqrt{17}}{8}b$$

が求められます．

第5章

シソイド，コンコイド，円積線に接線を引く

双曲線と半円の接線

　第5論文にはもうひとつ，次のような問題が挙げられています．平面上に半円 FBD を描き，半円上の点 B から半円の直径に向って垂線 BE を降ろすとき，積 FE×EB が最大になるようにせよ．（図1）

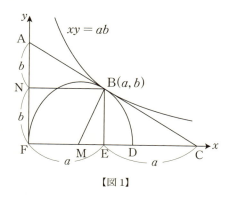

【図1】

　平面上に (x, y) 座標軸を設定し，［図1］に見られるように第1象限内に半円を配置してみます．同じ第1象限内に双曲線 $xy = k (k>0)$ を描き，k を小さい数から始めて少しずつ大きくしていくとき，当初は双曲線は半円と2点において交叉しますが，k が増大していくのにつれて二つの交点は次第に接近し，

半円上のある点 B において合致します．その点 B に対応して FE = a, EB = b と置くとき，$k = ab$ となり，k が ab を越えると双曲線 $xy = k$ は半円を離れます．それゆえ，積 $k = xy$ が最大になるのは $x = a$, $y = b$ のときで，その場合，双曲線 $xy = ab$ は点 B において半円に接します．言い換えると，双曲線と半円は点 B において接線を共有しています．

フェルマは (x, y) 座標系を設定したわけではありませんが，このような幾何学的状況を認識し，双曲線の接線に着目することにより，提示された最大問題を解きました．

そのような解決法を可能にするには双曲線とその接線について何事かを知っていなければなりませんが，フェルマはアポロニウスの名を挙げて，「AB と BC は等しい」と書きました．アポロニウスの『円錐曲線論』に見られる事実で（同書，第 2 巻，命題 3），双曲線の接線に寄せる知見に基づいています．アポロニウスはこれを認識し，フェルマはそれをアポロニウスから継承したということになります．

ひとたび等式 AB = BC を受け入れたなら，以下の推論はさらさらと進みます．FE = EC, AF = 2BE = 2AN．また，二つの線分 AB と AF は半円の接線ですから，AB = AF．よって BA = 2AN となります．二つの直角三角形 ANB と MEB は相似ですから，これより MB = 2ME であることがわかります．ここで M は半円の中心です．MB は半円の半径ですから，これで点 E の位置が明らかになりました．その点 E において半円の直径 FD に垂線を立て，半円との交点 B を定めます．半円の半径を r で表すと，$a = \frac{3}{2}r$, $b = \frac{\sqrt{3}}{2}r$, それゆえ，求める最大値は $k = ab = \frac{3\sqrt{3}}{4}r^2$ となります．

ディオクレスのシソイドとその方程式

　フェルマの論説「最大と最小」の第6論文では再び接線法が取り上げられて，ディオクレスのシソイド，ニコメデスのコンコイド，ヒッピアスの円積線という，古典ギリシアの数学的世界において発見された三つの曲線，それに西欧の近代において発見されたサイクロイドに接線を引く方法が語られています．しかもその方法というのは最大最小問題を解くために考案された方法と同一です．実にめざましい光景が繰り広げられていきます．この特徴は第1論文でもすでに現れていて，そこではフェルマは**ほぼ等しいものを等置する**という同じ方法によって最大最小問題を解き，楕円に接線を引いたのでした．

　シソイドというのは「蔦の葉」という意味の言葉です．ディオクレスの名とともに語られることが多い曲線で，ディオクレスはシソイドを用いて立方体の倍積問題を解いたと伝えられている人物です．［図2］を参照しながらシソイドの作図法を紹介します．

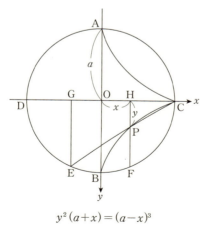

$$y^2(a+x)=(a-x)^3$$

【図2】

線分 AB と DC はどちらも半径 a の円の直径で，直交しています．点 E は 4 分の 1 円 BD 上にあり，点 F は 4 分の 1 円 BC 上にありますが，これらの 2 点の位置は無関係ではなく，**弧 BE と弧 BF が等しくなる**ように配置されています．E から直径 DC に向けて垂線を引き，DC との交点を G で表します．同様に，F から直径 DC に向けて垂線を引き，DC との交点を H で表します．このような状況のもとで 2 点 E, F がそれぞれ 4 分の 1 円 BD, BC 上を自由に動くとき，線分 HF と EC との交点 P の描く軌跡がシソイドです．

　直交座標を指定してシソイドを表す方程式を書いてみます．直径 DC を x 軸として採用し，D から C に向う方向を正の方向と定めます．もうひとつの直径 AB を y 軸として，A から B に向う方向を正の方向と定めます．線分 OH の長さを x，線分 HP の長さを y で表して，弧 BE と弧 BF が等しいという事実を手掛かりとして x と y を連繋する方程式を書きたいのですが，弧 BE と弧 BF が等しいのですから，GE = HF = $\sqrt{a^2-x^2}$ となります．また，GO = OH = x となりますから，GC = $a+x$ と表示されることもわかります．二つの直角三角形 CEG と CPH は相似ですから，比例式

$$\text{GE} : \text{GC} = \text{HP} : \text{HC}$$

が成立します．GE = $\sqrt{a^2-x^2}$, GC = $a+x$, HP = y, HC = $a-x$ を代入すると，$\sqrt{a^2-x^2} : a+x = y : a-x$．これより $y(a+x) = (a-x) \times \sqrt{a^2-x^2}$．両辺の平方を作ると，$y^2(a+x)^2 = (a-x)^2(a^2-x^2)$．両辺を $a+x$ で割ると，

$$y^2(a+x) = (a-x)^3$$

となります．これが直交座標で表されたシソイドの方程式です．

この方程式の両辺に $a-x$ を乗じ，それから平方根を作ると等式 $y\sqrt{a^2-x^2}=(a-x)^2$ が得られますが，該当する線分に置き換えてこれを書き直すと $\mathrm{HP}\times\mathrm{HF}=\mathrm{HC}^2$ となります．これは比例式 $\mathrm{HF}:\mathrm{HC}=\mathrm{HC}:\mathrm{HP}$ と同じもので，「弧 BE と弧 BF が等しい」という代わりにこの比例式の成立を要請してもシソイドが確定します．実際，後述するようにフェルマはそのようにしています（次節参照）．

シソイドの接線

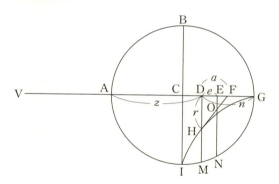

MD：DG = DG：DH

【図3】

［図3］はフェルマの全集に掲載されているシソイドの概形です．前節の図と諸記号が異なりますが，AG と BI はどちらも円の直径で，直交しています．点 I から G に向って伸びている曲線がシソイドで，前述したように，この曲線は比例式

MD：DG = DG：DH

によって定まります．

［図3］の観察を続けると，シソイド上の点Hにおいて接線HFが引かれています．Hから直径AGに向って垂線HDを引き，Dの近くに点Eを取り，Eから直径AGと直交する線分ENを引きます．そのENと接線HFとの交点がOと表記されています．いつもそうしているようにいろいろな線分に名前をつけて，AD$=z$, DG$=n$, DF$=a$, DE$=e$, DH$=r$とします．点Oの位置は接線上であり，シソイド上にあるわけではありません．それにもかかわらず，「ほぼ等しいものを等置する」というフェルマに固有の方法を適用しようとしていますので，Oはあたかもシソイド上にあるかのように思うことにすると，比例式NE：EG$=$EG：EO，すなわち

$$NE \times EO = EG^2$$

が成立することになります．これを文字を用いて書き直すと，まずEG$=n-e$．次にEOを求めるために二つの直角三角形DHFとEOFが相似であることに着目すると，比例式DH：DF$=$EO：EF，すなわち$r:a=$EO$:a-e$が成立します．これより EO$=\dfrac{r(a-e)}{a}=\dfrac{ra-re}{a}$ という表示が導かれます．

さらに，二つの直角三角形ENAとEGNに着目するとENの表示が得られます（［図4］参照）．
これらの三角形は相似ですから，比例式EA：NE$=$NE：EGが成立します．EA$=z+e$, EG$=n-e$ですから，$z+e:$NE$=$NE$:n-e$. これより NE$=\sqrt{(z+e)(n-e)}=\sqrt{zn-ze+ne-e^2}$ となります．

これらをNE$\times$EO$=$EG^{2}に代入すると，

$$\sqrt{zn-ze+ne-e^2} \times \frac{ra-re}{a} = (n-e)^2$$

となります．両辺にaを乗じ，その後に自乗すると，等式

第5章　シソイド，コンコイド，円積線に接線を引く

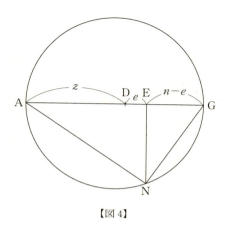

【図4】

$$(zn-ze+ne-e^2)(r^2a^2+r^2e^2-2r^2ae)=a^2(n^2+e^2-2ne)^2$$

が得られます．以下，両辺に現れる同一の諸項を相殺していきますが，その際，$r^2=\dfrac{n^3}{z}$ に留意して計算を進めます．この等式はシソイドを規定する比例式 MD：DG＝DG：DH から導かれます．実際，この比例式より MD×DH＝DG².

ここで，DH＝r, DG＝n. また，図4で NE＝$\sqrt{(z+e)(n-e)}$ を導出したのと同様の計算により，MD＝$\sqrt{zn}$. それゆえ，$\sqrt{zn}\times r=n^2$ となり，ここから $r^2=\dfrac{n^3}{z}$ が導かれます．

ここから先も煩雑な計算が続きますが，相殺される諸項を消去したのちに全体を e で割り，そのうえで $e=0$ と置くと，

$$3za+na=2zn$$

という等式が得られます．途中の計算は諸略しますが，首尾よくこの等式にたどりついたなら，ここから

71

$$a = \frac{2zn}{3z+n}$$

と a の値が求められます．これで点 F の位置が確定し，接線を引くことが可能になりました．

フェルマはもう少し具体的に点 F の作図法を指定しています．上記の a の表示式を変形して

$$a = \frac{zn}{\frac{3z+n}{2}}$$

と表示すると様子が明らかになります．この式の右辺の分数の分子において，$z = \mathrm{AD}$, $n = \mathrm{DG}$ です．分母に見られる分数に対応する線分の作図を考えるために，[図3] において円の半径 CA を延長して $\mathrm{AV} = \mathrm{AC}$ となる点 V を定めると，円の半径は $\mathrm{AC} = \frac{z+n}{2}$ ですから，$\mathrm{VD} = \mathrm{AC} + \mathrm{AD} = \frac{z+n}{2} + z = \frac{3z+n}{2}$ となります（[図5] 参照）．

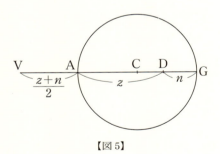

【図5】

これで，VD は分母 $\frac{3z+n}{2}$ に対応する線分であることがわかりました．線分 AD と DG の積を作り，その積を VD で割って得られる線分は容易に作図可能（線分と線分の積，線分による

線分の商の作図については、たとえばデカルトの『幾何学』に書かれています）ですから、これで点Fの位置が確定します。これがフェルマによるシソイドの接線法です。

ニコメデスのコンコイドとその方程式

コンコイドは「貝の形」という意味の言葉です。ニコメデスはコンコイドを考案したと伝えられている人です。コンコイドを使うと一般角の3等分問題と立方体倍積問題（与えられた立方体の2倍の体積をもつ立方体を作るという問題）を解くことができます。

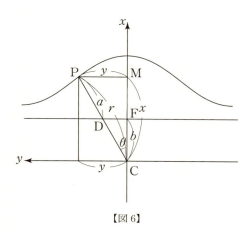

【図6】

［図6］において、Pはコンコイド上の点です。Cはいわばコンコイドの焦点のような点。線分CFの長さbは固定されていて、Fを通り、y軸と平行な直線（コンコイドの漸近線）が引かれています。その直線と2点P, Cを結ぶ線分PCとの交点

がDで表されています．線分PDはPCの一部分ですが，その長さは固定されていて，定値aで表されています．線分PCは伸び縮みする定規のようなもので，PDの長さaは固定されています．点Pからx軸に垂線PMをおろし，PMの長さをy，CMの長さをxで表します．また，PCの長さをrとし，$\angle \mathrm{PCM} = \theta$とすると，$x$と$y$は$r$と$\theta$を用いて

$$x = a\cos\theta + b, \quad y = a\sin\theta + b\tan\theta$$

と表されます．$r = \sqrt{x^2 + y^2}$を計算すると，

$$r = a + \frac{b}{\cos\theta}$$

が得られます．これが極座標で表されたコンコイドの方程式です．また，θの消去を実行すると，

$$(x-b)^2(x^2+y^2) = a^2 x^2$$

となります．これが直交座標で表されたコンコイドの方程式です．

コンコイドの接線

［図7］はフェルマの全集から採取したコンコイドですが，この図において曲線NEFがコンコイドであることを示すのは等式LN＝HEにほかなりません．この状況のもとで，フェルマは「ほぼ等しいものを等置する」という手法を適用して，コンコイド上の点Nにおいて接線NAを引こうとしています．接線上に点Bを取り，Bと焦点に似た点Iを結ぶ線分BIを引き，BIとコンコイドの漸近線KGとの交点をMとします．BはコンコイドAの点ではないのですから，本当は等式MB＝HEは成立しないのですが，それでもなおこれを要請するところにフェルマの方法の秘密が宿っています．

第 5 章　シソイド，コンコイド，円積線に接線を引く

　CA $= a$, CD $= e$, HE $= z$ と置き，これらを用いて線分 MB を書き表し，それを HE $= z$ と等値すれば問題は解決すると，フェルマは言っています．線分 MB の表示する式はやすやすと見出だされるというのですが，フェルマはその計算を書いていません．結論として期待されるのは接線の位置を示す線分 CA の長さ a の表示式で，それを見れば，先ほどシソイドに接線を引いたのと同様にして点 A の位置が判明するというのがフェルマの考えです．

　ひとまずフェルマの言葉を離れて［図 6］に立ち返り，ライプニッツの微分計算によりコンコイド上の点 P($a\cos\theta+b$, $a\sin\theta+b\tan\theta$) における接線の方程式を求めてみたいと思います．微分計算を実行すると，

$$dx = -a\sin\theta\, d\theta$$
$$dy = \left(a\cos\theta + \frac{b}{\cos^2\theta}\right)d\theta.$$

これより，接線の傾き $\dfrac{dy}{dx}$ が確定し，接線の方程式

$$y = -\frac{a\cos\theta + \frac{b}{\cos^2\theta}}{a\sin\theta}\{x-(a\cos\theta+b)\} + a\sin\theta + b\tan\theta$$

が求められます．この方程式において $y=0$ と置いて接線と x 軸との交点を求め，そこから点 P の x 座標 $a\cos\theta+b$ を差し引くと，

$$\frac{a\cos\theta\sin^2\theta\,(a\cos\theta+b)}{a\cos^3\theta+b}$$

という数値が得られます．フェルマの全集における［図 7］では，この数値は線分 CA の長さに該当しますが，フェルマの方法でこれを算出しようとすると相当に煩雑な計算を強いられそうな予感がします．線分 CA は**接線影**と呼ばれることがあります．

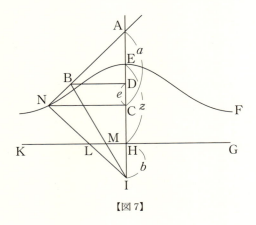

【図7】

デカルトによるコンコイドの接線法

コンコイドの接線ならデカルトも成功し,『幾何学』に書いています.ただし,デカルトは接線ではなく法線を引きました.

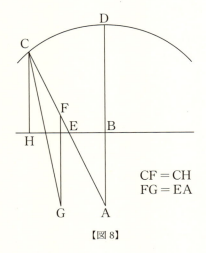

CF = CH
FG = EA

【図8】

［図8］はデカルトの『幾何学』に掲示されているもので，コンコイド上の点 C において法線 CG を引く方法が描かれています．A はコンコイドの焦点（仮の呼称です），D はコンコイドの頂点（これも仮称です），CH は軸に向って引かれた垂線です．C と A を結ぶ線分 CA と軸との交点を E とします．CA 上の点 F を CF＝CH となるように定め，その F から線分 DA に平行に線分 FG を引きます．その際，FG の長さが EA に等しくなるようにします．このような状況のもとで C と G を結ぶと，その線分 CG は点 C におけるコンコイドの法線になっているというのが，『幾何学』におけるデカルトの説明です．

　デカルトは結論を書き留めているだけで詳細な計算は省かれています．デカルトの法線法は代数曲線に対するもので，要点は代数方程式の重根条件を書き下すところにあります．コンコイドは代数曲線ですから適用可能ではありますが，コンコイドを表す代数方程式は 4 次方程式ですし，実際に計算を進めると相当に煩雑になります．他方，ライプニッツの微分計算で法線を引き，それがデカルトのいう法線と合致することを示すのはそれほどむずかしい作業ではありません．

ヒッピアスの円積線

　ニコメデスのコンコイドに続いて，フェルマはサイクロイドの接線を語り，続いて古典ギリシアで発見されたもうひとつの曲線，すなわちヒッピアスの円積線の接線を語っています．ここではサイクロイドは後回しにして，円積線を先に取り上げたいと思います．

　円積線の発見者はヒッピアスですが，「ディノストラトスの円積線」と呼ばれることもあります．ディノストラトスは円積

線を用いて「円の方形化問題」(与えられた円と同じ面積をもつ正方形を作図する問題) を解いたと言われている人物です.

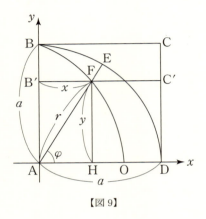

【図 9】

[図 9] において,正方形 ABCD の辺 AB が点 A のまわりに円を描きながら等速度で回転して,辺 AD に向っていく状況を想定します.それと同時に,同じ正方形の辺 BC がつねに辺 AD と平行な状態を維持しながら等速度で移動して AD に向っていきます.回転する辺 AB と平行移動する辺 BC の動きは無関係ではなく,最終的に同時に AD において重なり合うものとします.このような状況のもとで,回転する辺 AB と平行移動する辺 BC の交点 F の描く軌跡が**円積線**です.

平行移動する辺 BC の定速度を α とすると,辺 BC が辺 AD に重なるまでに,時間 t は $t=0$ から $t=\dfrac{a}{\alpha}$ まで増大します.回転する辺 AB の定角速度を β とすると,辺 AB が辺 AD に重なるまでに,時間 t は $t=0$ から $t=\dfrac{\pi}{2\beta}$ まで増大します.

第 5 章　シソイド，コンコイド，円積線に接線を引く

回転する辺 AB と平行移動する辺 BC はどちらも辺 AD に向っていき，最終的に同時に AD において重なり合うのですから，等式 $\dfrac{a}{\alpha} = \dfrac{\pi}{2\beta}$，すなわち $\alpha = \dfrac{2a\beta}{\pi}$ が成立します（[図 10] 参照）．

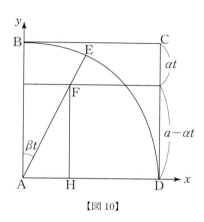

【図 10】

[図 9] と [図 10] を参照しながら円積線の方程式を求めてみたいと思います．線分 FH の長さを求めると，

$$\mathrm{FH} = a - \alpha t = a - \frac{2a\beta t}{\pi} = \frac{2a}{\pi}\left(\frac{\pi}{2} - \beta t\right) = \frac{2a\varphi}{\pi}$$

と算出されます．ところが $\mathrm{FH} = y = r\sin\varphi$ ですから，

$$r = \frac{2a\varphi}{\pi \sin\varphi}$$

という表示式が得られます．これが極座標による円積線の方程式です．

もう少し計算を続けると，$y = r\sin\varphi = \dfrac{2a\varphi}{\pi}$．それゆえ，$\varphi = \dfrac{\pi y}{2a}$．また，$y = x\tan\varphi$ ですから，

79

$$x = \frac{y}{\tan\frac{\pi y}{2a}}$$

となります．これが直交座標による円積線の方程式です．

円積線の接線

ここまでのところで，円積線とはどのような曲線なのか，だいぶよくわかるようになりました．シソイドやコンコイドのような代数曲線と違って超越曲線ですが，フェルマはこの曲線に対しても接線を引く方法を発見しました．このあたりがデカルトとは異なるところです．

フェルマの方法を紹介する前に，ライプニッツの微分計算を適用して接線を引いてみたいと思います．円積線は媒介変数 φ を用いて

$$y = \frac{2a\varphi}{\pi},\ x = \frac{2a\varphi}{\pi \tan \varphi}$$

と表示されますが，これを微分すると，

$$dx = \frac{2a(\sin\varphi\cos\varphi - \varphi)}{\pi \sin^2 \varphi} d\varphi,\ dy = \frac{2a}{\pi} d\varphi$$

となります．これで接線の傾き

$$\frac{dy}{dx} = \frac{\sin^2 \varphi}{\sin \varphi \cos \varphi - \varphi}$$

が算出されますから，円積線上の点 $\left(\dfrac{2a\varphi}{\pi \tan \varphi},\ \dfrac{2a\varphi}{\pi}\right)$ における接線の方程式

$$y = \frac{\sin^2 \varphi}{\sin \varphi \cos \varphi - \varphi}\left(x - \frac{2a\varphi}{\pi \tan \varphi}\right) + \frac{2a\varphi}{\pi}$$

が求められます．

第5章 シソイド，コンコイド，円積線に接線を引く

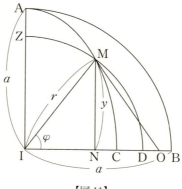

【図11】

　これに対し，フェルマは独自の接線法を提示しています．［図11］はフェルマ全集に掲示されている円積線（便宜上，a, r, y, φ を記入しました）です．この図において円積線 AMC 上の点 M において接線を引くには，まず半径 IM の 4 分の 1 円 ZMD を描き，次に線分 IB 上の点 O を等式

$$\frac{\mathrm{MN}}{\mathrm{IM}} = \frac{\text{弧 MD}}{\mathrm{IO}}$$

が成立するように定めればよいというのがフェルマの指摘です．この等式に $\mathrm{MN} = y = r\sin\varphi$, $\mathrm{IM} = r$, 弧 $\mathrm{MD} = r\varphi$ を代入すると，$\mathrm{IO} = \dfrac{r\varphi}{\sin\varphi}$ となりますが，円積線の極座標表示 $r = \dfrac{2a\varphi}{\pi\sin\varphi}$ により $\mathrm{IO} = \dfrac{2a\varphi^2}{\pi\sin^2\varphi}$ となります．

　先ほどの［図9］を参照すると，［図11］における点 O に対応するのは，点 F における接線と x 軸との交点です（［図12］参照）．

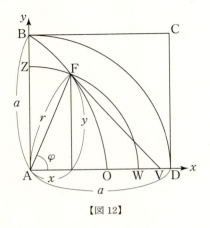

【図 12】

ZFW は AF を半径とする 4 分の 1 円，点 F における接線と x 軸との交点は V で表されています．先ほどライプニッツの方法で求めた接線の方程式において $y=0$ と置き，x の値を求めれば，それが原点 A からその交点（[図 12] における V）までの距離になります．計算すると，$\dfrac{2a\varphi^2}{\pi \sin^2 \varphi}$ となり，先ほどと同じ数値が得られます．

　ライプニッツの微分計算の手法によりフェルマの言明の正しいことが確認された形になりました．フェルマは結論を述べるのみで細部を省略しています．円積線の前にサイクロイドの接線法が詳述されていて，円積線に接線を引くのも同様にすればできるとフェルマは言いたいのです．

第6章

サイクロイドの接線と直角三角形の基本定理

サイクロイド曲線とは

　ここまでのところでさまざまな曲線に接線を引いてきましたが，最後にサイクロイドに接線を引くフェルマの方法を紹介しておきたいと思います．高木貞治の著作『定本解析概論』（岩波書店）を参照すると，サイクロイドのパラメータ表示が次のように書き下されています．

　動円の半径を a，回転の角を t，定直線を x 軸として，$t=0$ のとき円周上の定点 P が定直線に接する点を座標の原点とするならば，擺線は t を媒介変数として次のように表される．

$$x = a(t - \sin t), \quad y = a(1 - \cos t)$$

高木貞治『定本解析概論』，89 頁

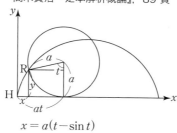

$x = a(t - \sin t)$
$y = a(1 - \cos t)$

【図1】

「擺線」は「はいせん」と読み，かつてサイクロイドの邦訳語として広く使われていた一時期がありました．

図2はフェルマが掲示したサイクロイドです．

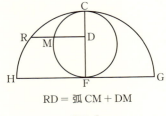

RD ＝ 弧 CM ＋ DM

【図2】

中央に描かれた円は，動円がちょうど半回転した時点での位置を示しています．サイクロイドに接線を引くにはサイクロイドという曲線の本性を的確に把握しておかなければなりませんが，この要請に応じて，フェルマは

$$RD = 弧\,CM + DM$$

という等式を書きました．サイクロイドの特徴はこの等式により汲み尽くされています．これを確認するために，サイクロイドのパラメータ表示から出発すると，図3において，弧 CM ＝ $a(\pi-t)$，DM ＝ $a\sin t$ ですから，弧 CM＋DM ＝ $a(\pi-t)+a\sin t = \pi a - a(t-\sin t)$ ＝ RD となり，フェルマが書いた等式に到達します．

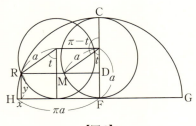

【図3】

逆に，フェルマの等式 RD ＝ 弧 CM ＋ DM から出発すると，RD ＝ $\pi a - x$ ですから，等式 $\pi a - x = \pi a - a(t - \sin t)$ が成立し，これより点 R の x 方向の座標を与える数値 $x = a(t - \sin t)$ が得られます．y 軸方向の座標を与える数値は $y = a(1 - \cos t)$ ですから，フェルマの等式からサイクロイドのパラメータ表示が導かれることがわかります．

サイクロイドに接線を引く

フェルマは等式 RD ＝ 弧 CM ＋ DM によりサイクロイドを把握し，「ほぼ等しいものを等置する」という手法を適用してサイクロイドに接線を引きました．図 4 のサイクロイドを参照し，フェルマとともに諸状勢を再現してみます．サイクロイド上の点 R において接線 RB が引かれています．

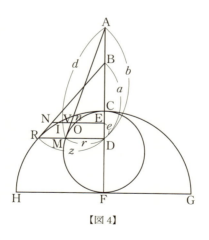

【図 4】

線分 RMD は線分 CDF と直交し，M は半円（回転する円が

半回転した位置に配置された円の左半分）との交点です．その交点 M において円に接線 MA を引くのですが，そのためにはフェルマの流儀にならって楕円や放物線の場合と同じ方法を適用します．線分 CDF 上に任意に点 E を取り，E を通って線分 RMD に平行な線分 NIVOE を引きます．

このような状勢のもとで，いろいろな線分や弧の長さに名前をつけて，

DB = a, DA = b, MA = d, MD = r,

RD = z, 弧 CM = n, DE = e

と諸記号を定めます．定直線上を回転する円の半径を表わす記号 a と線分 DB を表わす記号 a が重複しますが，フェルマが指定した記号をそのまま用いました．ここから先は混乱に陥らないように留意して書き進めていきます．

二つの直角三角形△BNE, △BRD は相似であることに目を留めると，等式

$$\frac{a}{a-e} = \frac{z}{\text{NIVOE}}$$

が得られます．これより NIVOE = $\frac{za-ze}{a}$．次に，点 V から線分 RMD に向けて垂線 VE′ を引くと，二つの直角三角形△AMD, △VME′ は相似ですから，等式

$$\frac{b}{d} = \frac{e}{\text{MV}}$$

が成立します（図5）．これより MV = $\frac{de}{b}$．

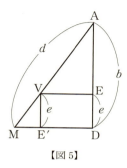

【図5】

　このような計算に続いて，フェルマは等式 NIVOE ＝ OE ＋ 弧 CO，すなわちサイクロイドを規定する等式を書きました．N はサイクロイド上の点ではないのですから，本当はこの等式は成立しないのですが，フェルマは「ほぼ等しいものを等置する」という独自の計算法をここで適用しました．これに加えて OE の代りに EV を用います．また，弧 CO ＝ 弧 CM － 弧 MO において弧 MO の代りに線分 MV を用います．これで等式 NIVOE ＝ EV ＋ 弧 CM － MV が得られますが，ここに前記の数値を代入すると，

$$\frac{za-ze}{a} = \frac{rb-re}{b} + n - \frac{de}{b}$$

となります．これより $zba - zbe = rba - rae + bna - dae$．ここで，サイクロイドを規定する等式 RD ＝ 弧 CM ＋ DM，すなわち $z = n + r$ を代入して計算を進めると，等式 $zb = ra + da$ が得られます．これより $\frac{d+r}{b} = \frac{z}{a}$．$a, b, d, r, z$ が表す線分に立ち返ると，点 B の位置を指し示す等式

$$\frac{MA + MD}{DA} = \frac{RD}{DB}$$

が手に入ります．

等式 $\dfrac{\text{MA}+\text{MD}}{\text{DA}} = \dfrac{\text{MD}}{\text{DC}}$

サイクロイド上の点Rにおける接線RBの終点Bの位置を示す等式が得られましたので，これで接線を引くことができるようになりました．フェルマはなお一歩を進めて式変形を推し進め，点Bの作図の仕方が簡明になるように工夫しました．具体的に言うと，フェルマは等式

$$\frac{\text{MA}+\text{MD}}{\text{DA}} = \frac{\text{MD}}{\text{DC}}$$

を示しました．これを確認するために，図6を参照しながら計算してみたいと思います．

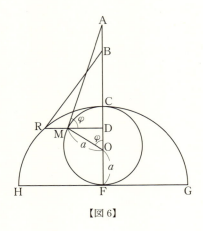

【図6】

図6における円の中心をOとして，∠MOA＝φ と置くと，円の半径を a とするとき，

$$\frac{\mathrm{MA+MD}}{\mathrm{DA}} = \frac{a\tan\varphi + a\sin\varphi}{a\sin\varphi\tan\varphi} = \frac{1+\cos\varphi}{\sin\varphi} = \cot\frac{\varphi}{2}$$

$$\frac{\mathrm{MD}}{\mathrm{DC}} = \frac{a\sin\varphi}{a(1-\cos\varphi)} = \cot\frac{\varphi}{2}$$

と計算が進みます．これで確認されました．

サイクロイドの接線の続き

これで点 B を定める等式は

$$\frac{\mathrm{MD}}{\mathrm{DC}} = \frac{\mathrm{RD}}{\mathrm{DB}}$$

という形になりました．この等式は二つの直角三角形△ MDC と△ RDB は相似であることを示していますが，視点を変えると線分 RB と MC は平行であることがわかります（図 7）．

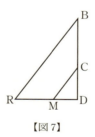

【図 7】

それゆえ，点 R を始点とし，線分 MC と平行な線分を引けば，それが R におけるサイクロイドの接線です．

フェルマはこのようにサイクロイドに接線を引きました．

ディオファントスと出会う

　接線法と最大最小問題の場においてフェルマが印した足跡は広範囲に及び、これまでに紹介したあれこれによって尽くされたわけではありませんが、このあたりで目を数論に転じたいと思います．フェルマが数論に向う契機として作用したのは『バシェのディオファントス』(1621年．図8) でした．
ディオファントスの著作『アリトメチカ』(全13巻) の残存する6巻のギリシア語とラテン語の対訳書ですが、フランスの数学者バシェ（クロード・ガスパール・バシェ・ド・メジリアック）が作成しました．フェルマはこの書物を読み、欄外に48個に及ぶメモを記入して数論を語りました．以下，これを「欄外ノート」と呼ぶことにします．

　フェルマが手書きで記入したメモが散佚せずに今日

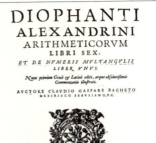

【図8】

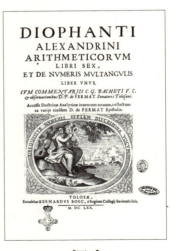

【図9】

に伝えられたのは『サミュエルのディオファントス』(1670年．図9) のおかげです．

　サミュエルというのはフェルマの子供で，『バシェのディオファントス』を復刻した人物で，復刻に際して父フェルマの「欄外ノート」を活字にして本文の該当箇所に挿入しました．その復刻版が『サミュエルのディオファントス』です．サミュエルは『フェルマ数学著作集』(1679年．図10) を編纂したことでも知られています．

【図10】

　フェルマが実際にディオファントスの書物を読んだのはいつころだったのでしょうか．もとより正確な日時は知る由もありませんが，おおよそ1630年代であろうという推定は有力です．なぜならフェルマは1640年ころから友人たちに宛てて，数論に関する話題をしきりに持ち出すようになったからです．古いディオファントスの書物が，フェルマにとって「数の理論」の泉になったのでしょう．

直角三角形の基本定理

　フェルマが発見した数論の真理はおびただしい数にのぼりま

すが,「直角三角形の基本定理」の印象はひときわ明るい光彩を放っています. 一般に3辺の長さがみな自然数で表される三角形のことを「数三角形」と呼ぶことがあります. フェルマはそのような三角形の中でも直角三角形に対して大きな関心を寄せ続け, 直角数三角形を作り出す道筋をさまざまに提案しました. そのあたりの消息を垣間見ることから, フェルマが開いた数論的世界の内陣へと踏み分けていきたいと思います.

数三角形のうち直角三角形でもあるものを指して直角数三角形と呼びましたが, ここで取り上げるのは数三角形ばかりですので, ここから先の叙述において単に直角三角形といえばつねに直角数三角形のことと諒解することにします.

「直角三角形の基本定理」という呼称はフェルマ自身によるもので, 1641年6月15日付(「15日」は推定です)でフレニクルに宛てて書かれたフェルマの手紙に,

> 直角三角形の基本定理というのは, 4の倍数よりも1だけ大きい素数はどれも二つの平方数で作られる, というものです.(フェルマ全集, 第2巻, 221頁)

と書かれています. しかも, ここには明記されていませんが, **分解の一意性**, すなわち, このような二つの平方数への分解は(和の順序は無視することにすると)ただひととおりで行われることも, 直角三角形の基本定理に内包されています. フェルマのいう「4の倍数よりも1だけ大きい素数」は「4で割ると1が余る素数」と同じです.

小さい素数を取り上げて探索すると,

$$5 = 1^2 + 2^2,$$
$$13 = 2^2 + 3^2,$$
$$17 = 1^2 + 4^2,$$
$$29 = 2^2 + 5^2,$$
$$37 = 1^2 + 6^2,$$
$$41 = 4^2 + 5^2$$

というふうになり，直角三角形の基本定理の主張のとおりです．これらの例において，左辺に現れる数 5, 13, 17, 29, 37, 41 はこのままではまだ直角三角形の斜辺になりうるか否か定かではありませんが，一般的に成立する等式

$$(a^2+b^2)^2 = (a^2-b^2)^2 + 4a^2b^2$$

を用いると，上記の 6 個の等式を元にして直角三角形を作ることができます．たとえば，$5 = 1^2 + 2^2$ を例に取ると，$a=1$, $b=2$ ですから，等式 $5^2 = 3^2 + 4^2$ が生じ，直角三角形 (3, 4, 5) が得られます（斜辺を挟む 2 辺 3, 4 を大きさの順に並べ，最後に斜辺 5 を配置しました．以下，直角三角形をこのように表記します）．他の 5 個の例についても同様に計算すると，等式

$$13^2 = 5^2 + 12^2,$$
$$17^2 = 15^2 + 8^2,$$
$$29^2 = 21^2 + 20^2,$$
$$37^2 = 35^2 + 12^2,$$
$$41^2 = 9^2 + 40^2$$

が生じ，直角三角形 (5, 12, 13), (8, 15, 17), (20, 21, 29), (12, 35, 37), (9, 40, 41) が手に入ります．こうして，一般に「4 で割ると 1 が余る素数」は直角三角形の斜辺でありうることが明

らかになりました．

合成数を二つの平方和に分解する

　65を例に取って，合成数を二つの平方和に分解することを考えてみたいと思います．65は素数ではなく，$65=5\times13$と素因子分解されますが，二つの素因子5と13はどちらも「4で割ると1が余る素数」ですから，直角三角形の基本定理により二つの平方数の和の形にただひととおりの仕方で $5=1+2^2, 13=2^2+3^2$ と分解されます．ここから等式 $5^2=3^2+4^2, 13^2=5^2+12^2$ が導かれることは既述のとおりですが，一般的に成立する等式

$$(a^2+b^2)(c^2+d^2)=(ac\pm bd)^2+(ad\mp bc)^2$$

をここで用いると，$65^2=5^2\times13^2$ の二つの平方数への分解が得られます．a,b,c,d としていろいろな組合せが考えられます．たとえば $a=3, b=4, c=5, d=12$ と取ると，$ac+bd=63$, $ad-bc=16$ となりますから，

$$65^2=63^2+16^2$$

という分解が生じます．また，$ac-bd=-33, ad+bc=56$ となりますから，

$$65^2=33^2+56^2$$

という分解が生じます．他の組合せからもこれらの2通りの分解が生じます．これらのほかに，

$$65^2=5^2\times(5^2+12^2)=25^2+60^2$$

と

$$65^2=(3^2+4^2)\times13^2=39^2+52^2$$

という分解も生じます．これで4個の直角三角形

$(16, 63, 65), (33, 56, 65), (25, 60, 65), (39, 52, 65)$

が手に入りましたが，フェルマはこれらのすべてを知っていました．

　もう少し大きな数，たとえば5525ならどのようになるでしょうか．この数を $5525 = 5^2 \times 13 \times 17$ と素因数に分解し，$5^2 = 3^2 + 4^2$, $13^2 = 5^2 + 12^2$, $17^2 = 15^2 + 8^2$ と分解されることに留意して計算を進めると，

$$5525 = 74^2 + 7^2 = 70^2 + 25^2 = 62^2 + 41^2$$
$$= 50^2 + 55^2 = 22^2 + 71^2 = 14^2 + 73^2$$

という，6通りの分解が生じます．ここから出発して，先ほどと同様にいろいろな組合せを考えることにより，5525を斜辺とする一系の直角三角形が得られます．

　フェルマとともに諸例を並べると，

$17^4 = 255^2 + 136^2 = 161^2 + 240^2$

（17^4 の2通りの分解）

$1073 = 29 \times 37 = 32^2 + 7^2 = 28^2 + 17^2$

（1073の2通りの分解）

など．また，$5525 \times 1073 = 5928325$ は24通りの仕方で二つの平方の和に分解し，$2023^2 = 4092529$ は2通りの仕方で二つの平方の和に分解します．

直角三角形の基本定理による素数の判定

　「直角三角形の基本定理」を語ったフェルマは証明を遺さなかったのですが，おおよそ100年ののちにオイラーが現れて，はじめて証明を試みました．最初の論文は「ふたつの平方数の

和であるような数について」(ペテルブルク帝国科学アカデミー新紀要, 第4巻, 1752/3年. 1758年刊行). 続篇「$4n+1$ という形のあらゆる素数はふたつの平方数の和になるというフェルマの定理の証明」(ペテルブルク帝国科学アカデミー新紀要, 第5巻, 1754/5年. 1760年刊行) において証明が完成しました. この論文の標題に見られる「フェルマの定理」というのは「直角三角形の基本定理」を指しています.

オイラーはなお一歩を進め, 大きな数が素数か否かを判定するために直角三角形の基本定理を利用しました. 直角三角形の基本定理には「分解の一意性」という属性が伴っていますから, 「4で割ると1が余る数」について, それを二つの平方数の和に分ける仕方が少なくとも2通り見つかったなら, その数は素数ではないことになります. そこでオイラーは「数1000009が素数か否かが吟味される」(ペテルブルク科学アカデミー新報告, 第10巻, 1792年. 1797年刊行) という論文において, 数1000009 に対して,

$$1000009 = 1000^2 + 3^2$$
$$1000009 = 972^2 + 235^2$$

という2通りの分解を示し, これを根拠にして1000009は素数ではないという判定を下しました.

ここで引用したオイラーの諸論文はペテルブルクの科学アカデミーが出していた学術誌に掲載されました. そのつど邦訳して誌名を書き添えておきました. 原誌名は下記のとおり. みなラテン語で表記されています.

「紀　要」Commentarii academiae
scientiarum imperialis Petropolitanae

「新紀要」Novi Commentarii academiae
　　　　　scientiarum imperialis Petropolitanae
「新報告」Nova Acta Academiae
　　　　　Scientiarum Imperialis Petropolitanae

与えられた奇数を1辺とする直角三角形

　1641年6月15日付のフェルマのフレニクル宛書簡には，直角三角形の基本定理のほかにも，いろいろなタイプの直角三角形の作り方が紹介されています．フェルマは一例として数15を挙げて説明しました．まず15を $15=1\times15=3\times5$ と2通りの仕方で二つの数の積の形に表します．一般的に成立する等式 $(a^2+b^2)^2=(a^2-b^2)^2+4a^2b^2$ により，二つの数 a,b が指定されたとき，それらを用いて三つの数 $p=a^2+b^2, q=a^2-b^2, r=2ab$ を作ると，p を斜辺とし，q,r を直角を挟む2辺とする直角三角形が得られることがわかります．数15の分解 $15=1\times15$ において目に留まる二つの数 1, 15 を用いると，$p=226, q=224, r=30$．これらはみな偶数ですので2で割ると，$\frac{p}{2}=113, \frac{q}{2}=112, \frac{r}{2}=15$．これで直角三角形 (15, 112, 113) が得られました．この三角形では与えられた数15が直角を挟む2辺のうち，短いほうの辺になっています．

　同様に，数15のもうひとつの分解 $15=3\times5$ により与えられる二つの数 3, 5 から出発すると，$\frac{p}{2}=17, \frac{q}{2}=8, \frac{r}{2}=15$ となり，直角三角形 (8, 15, 17) が得られます．今度は，与えられた数15は直角を挟む2辺のうち，長いほうの辺になって

います.

　こんなふうにフェルマは「与えられた数が直角を挟む2辺のうちの1辺となる直角三角形」に対して関心を寄せましたが,少なくとも1641年6月15日付のフレニクル宛書簡の時点では,そのような直角三角形を作り出す一般的な道筋を見つけるまでにはいたっていません.

第7章

直角三角形のいろいろと
フェルマの小定理

直角をはさむ2辺の差が1となる直角三角形

「直角三角形の基本定理」という呼称はフェルマ自身によるもので，初出はフェルマが1641年6月15日付でフレニクルに宛てて書いた手紙であることは既述のとおりです．フレニクルのフルネームはベルナール・フレニクル・ド・ベシー（Bernard Frenicle de Bessy）といい，パリに生れました．生誕日については1604年とする文献もあれば1605年とする文献もあるというふうで，はっきりしたことはわかりません．没年も文献によって1674年だったり1675年だったりです．1675年1月17日にパリで亡くなったとする記事を見たこともあります．私生活がよくわからないのですが，おおむねデカルトやフェルマと同時代の人物です．造幣局に勤務しながら数学を考えていたようで，特に数論に寄せる関心が深かった模様です．フェルマにとっては数論を語り合うことのできるよい文通相手だったのでしょう．

フェルマには学問上の友が何人かいて，数論や曲線の理論などの方面で次々と発見したおもしろい事実を手紙で知らせました．フレニクルのほかにもカルカヴィ，ディグビィ，ロベルヴァル，パスカルなどという名が目に映じます．大量の書簡が残されていて，フェルマの全集に収録されています．手紙が後年の学術誌の役割を果たしていたことになりますが，このような

書簡群を眺めると，学問が人から人へと伝わっていく様子がよくわかります．

1641年6月15日付のフェルマの手紙の紹介をもう少し続けると，フェルマは直角三角形 (3, 4, 5) に注目しています．よく知られている直角三角形で，これを観察しても新たな知見が得られるとも思えないところですが，フェルマは，直角をはさむ2辺の長さの差が1である点に目を向けて，同じ性質をもつもうひとつの直角三角形を作りました．まず直角をはさむ2辺を加えて，$3+4=7$．斜辺を2倍して，$2\times 5=10$．この二つの和を加えて，$7+10=17$．これに一番小さい辺を加えて，$17+3=20$．さらに1を加えて，$20+1=21$．これで差が1に等しい二つの数 20, 21 が得られました．これらを直角をはさむ2辺として採用します．斜辺を見つけるにはピタゴラスの定理を適用すればよさそうですが，フェルマはそのようなことはせず，簡単で不思議な計算を重ねていきました．

提示された直角三角形 (3, 4, 5) の直角をはさむ2辺を加えて $3+4=7$．これを2倍して，$2\times 7=14$．斜辺を3倍して，$3\times 5=15$．14 と 15 を加えて，$14+15=29$．これで，直角をはさむ2辺の差が1に等しい直角三角形 (20, 21, 29) が得られました．

今度は (20, 21, 29) から出発して同様に計算を進めると，
$$20+21=41,\ 2\times 29=58,\ 41+58=99,$$
$$99+20=119,\ 119+1=120$$
$$2\times(20+21)=82,\ 3\times 29=87,\ 82+87=169$$

これで，直角をはさむ2辺の差が1に等しい直角三角形 (119, 120, 169) ができました．ここから先も同様に続けていけば，同じ性質をもつ直角三角形が次々と出現します．

このような直角三角形については，フェルマの第58書簡（1643年5月31日付．ミシェル・ド・サン＝マルタン宛）でも詳しく語られていますので，のちにあらためて紹介します（第10章，147頁「直角をはさむ2辺の差が1となる直角三角形（続）」参照）．

一番小さい辺と他の2辺との差が平方数になる直角三角形

直角三角形に寄せるフェルマの関心は深く，1641年6月15日付のフレニクルへの手紙の中で次々といろいろなタイプの直角三角形を提案しました．まず，先ほど作成した二つの直角三角形（20, 21, 29）には，「直角をはさむ2辺の差が1」という性質のほかにもうひとつ，**一番小さい辺と他の2辺との差がいずれも平方数になる**という性質が備わっています．実際，$21-20=1$，$29-20=9$ はいずれも平方数です．

（20, 21, 29）を用いて作った直角三角形（119, 120, 169）はどうかというと，差 $120-119=1$ は平方数ですが，もうひとつの差 $169-119=50$ は平方数ではありませんので，これはここで探索している直角三角形には該当しません．そこでここから出発してもうひとつの直角三角形を作ってみます．先ほどと同じ手順をくりかえし，まず直角をはさむ2辺の和 $119+120=239$ を作ります．斜辺を2倍して $2\times 169=338$．239 と 338 を加えて $239+338=577$．これに一番小さい辺 119 を加えて $577+119=696$．これに1を加えて $696+1=697$．これで直角三角形の直角をはさむ2辺696と697ができました．

斜辺を作るには，まず和 $119+120=239$ を2倍して，

$2 \times 239 = 478$. 出発点の直角三角形の斜辺169を3倍して $3 \times 169 = 507$. 478と507を加えて985. これを斜辺として採用して, 直角三角形

$$(696, 697, 985)$$

ができました. 一番小さい辺の長さは696. 他の2辺との差は
$$697 - 696 = 1, \quad 985 - 696 = 289 = 17^2$$
となり, いずれも平方数です. ここから先も同様の手順がどこまでも続き, 「直角をはさむ2辺の差が1となる直角三角形」や「一番小さい辺と他の2辺との差が平方数になる直角三角形」が無数に出現します.

隣り合う2辺の間に項差の相関性が認められる直角三角形

二つの直角三角形
$$(11, 60, 61) \quad \text{と} \quad (119, 120, 169)$$
を比較すると, 隣り合う2辺の間に項差の循環的相関性(この場限りの用語. フェルマがそのように呼んでいるわけではありません)ともいうべき性質が認められます. 具体的に言うと, 二つの等式
$$11 - 60 = 120 - 169 \, (= -49),$$
$$60 - 61 = 119 - 120 \, (= -1)$$
が成立します. 一般的に書くと, 二つの直角三角形(a, b, c), (a_1, b_1, c_1) に対し, 二つの等式
$$a - b = b_1 - c_1, \quad b - c = a_1 - b_1$$
が成立するときに, これらの直角三角形の間には循環的相関性が認められるということにします.

フェルマが挙げている二つの直角三角形 (11, 60, 61) と (119, 120, 169) はどのようにして作るのかというと，出発点は等差数列を作って並ぶ三つの平方数 1, 25, 49 (25−1 = 49−25 = 24) です．1 は 1 の自乗，25 は 5 の自乗．そこで 1 と 5 を加えて 1+5 = 6 を作り，これに真ん中の平方数 25 の平方根 5 を合せて，二つの数 5 と 6 を素材にして直角三角形を作ろうというのがフェルマの手法です．

一般に，直角三角形の斜辺を z，直角をはさむ 2 辺を x, y とすると，ピタゴラスの定理により等式 $z^2 = x^2 + y^2$ が成立し，この等式を満たす z, x, y は二つの数 a, b を用いて

$$z = a^2 + b^2, \quad x = a^2 - b^2, \quad y = 2ab$$

という形に表示されます．そこで，上記のようにして用意された二つの数 6 と 5 を a, b として採用し，$a = 6$, $b = 5$ と定めると，

$$z = 6^2 + 5^2 = 61, \quad x = 6^2 - 5^2 = 11,$$
$$y = 2 \times 6 \times 5 = 60$$

と計算が進行して直角三角形 (11, 60, 61) が得られます．

また，25 は 5 の自乗，49 は 7 の自乗．そこで 5 と 7 を加えて 5+7 = 12．これに真ん中の平方数 25 の平方根 5 を合せて，12 と 5 を用いて直角三角形を作ると，

$$z = 12^2 + 5^2 = 169, \quad x = 12^2 - 5^2 = 119,$$
$$y = 2 \times 12 \times 5 = 120.$$

これでもうひとつの直角三角形 (119, 120, 169) ができました．

もうひとつの例

同様の例をもうひとつ挙げると，二つの直角三角形
　　　　(231, 520, 569) と (731, 780, 1069)

に対しても項差の循環的相関性が認められます．実際，等式
$$231-520=780-1069\ (=-289),$$
$$520-569=731-780\ (=-49)$$
が成立します．

この例を作るには等差数列を作る三つの平方数 49, 169, 289 から出発し，前例と同様の計算を実行します．49 は 7 の自乗．169 は 13 の自乗．そこで 7 と 13 を加えて $7+13=20$．これに真ん中の平方数 169 の平方根 13 を合せて，20 と 13 を用いて直角三角形を作ります
$$z=20^2+13^2=569,\ x=20^2-13^2=231,$$
$$y=2\times 20\times 13=520$$
これで直角三角形 (231, 520, 569) ができました．

また，169 は 13 の自乗．289 は 17 の自乗．そこで 13 と 17 を加えて $13+17=30$ を作り，これに真ん中の平方数 169 の平方根 13 を合せて，
$$z=13^2+30^2=1069,\ x=30^2-13^2=731,$$
$$y=2\times 30\times 13=780$$
と計算を進めます．これで直角三角形 (731, 780, 1069) ができました．

二つの直角三角形 (231, 520, 569), (731, 780, 1069) を観察すると，既述のように二つの等式
$$231-520=780-1069=-289,$$
$$520-569=731-780=-49$$
が成立し，この二つの直角三角形の間には循環的相関性が認められることがわかります．

この例はフェルマ全集の脚註に書き留められています（第 2 巻，223 頁）．フェルマの手紙には，20 と 7，それに 30 と 7 を

用いて構成される直角三角形として (280, 351, 449) と (420, 851, 949) が書かれているのですが，本当は 20 と 13，それに 30 と 13 を用いるべきところです．ペン先がすべって計算をまちがえたのだろうというのがフェルマの全集の編纂者の所見です．

　隣り合う 2 辺の間に項差の循環的相関性が認められる二つの直角三角形というものそれ自体に，不思議な印象が伴っています．フェルマはそのような直角三角形を作り出す一般的な方法を考案しました．フェルマが示した計算そのものを確認するのは容易でも，発見するのは至難です．フェルマはどのようにしてこのような計算手順を発見したのでしょうか．印象はどこまでも謎めいています．

与えられた面積比をもつ二つの直角三角形

　二つの数 a, b を指定して，面積比が $a:b$ となるような二つの直角三角形を作る方法をフェルマは示しました．ひとつの直角三角形 (x, y, z) は，等式 $z = p^2 + q^2$, $x = p^2 - q^2$, $y = 2pq$ を基礎にして作ります．前にこの等式を書いたときは p, q ではなく a, b を用いましたが，文字が重なりますのでここでは p, q を使います．この等式において p, q としてそれぞれ $2a+b$, $a-b$ を採用すると，

$$z = (2a+b)^2 + (a-b)^2 = 5a^2 + 2ab + 2b^2$$
$$x = (2a+b)^2 - (a-b)^2 = 3a(a+2b)$$
$$y = 2(2a+b)(a-b)$$

(この場合，x と y の大小は不明ですから，直角をはさむ 2 辺は小さいほうを先に書くというこれまでの流儀に合せると，

(x, y, z) ではなく (y, x, z) と表記することもありえます.)

この直角三角形の面積を S とすると,

$$S = \frac{1}{2}xy = 3a(a+2b)(2a+b)(a-b)$$

と表されます.

もうひとつの直角三角形 (x_1, y_1, z_1) は,等式 $z_1 = p^2 + q^2$, $x_1 = p^2 - q^2$, $y_1 = 2pq$ において p, q としてそれぞれ $a+2b$, $a-b$ を用いて作ります.

$$z_1 = (a+2b)^2 + (a-b)^2 = 2a^2 + 2ab + 5b^2$$
$$x_1 = (a+2b)^2 - (a-b)^2 = 3b(b+2a)$$
$$y_1 = 2(a+2b)(a-b)$$

(ここでも x_1 と y_1 の大小は不明です.)

この直角三角形の面積を S_1 とすると,

$$S_1 = \frac{1}{2}x_1 y_1 = 3b(2a+b)(a+2b)(a-b)$$

と表されます.そこで S と S_1 の比を作ると,

$$S : S_1 = a : b$$

が成立しています.

一例として $a=5$, $b=3$ として計算を進めると,

$$z = 173,\ x = 165,\ y = 52$$
$$z_1 = 125,\ x_1 = 117,\ y_1 = 44$$

となります.これで面積比が $5:3$ となる二つの直角三角形 $(52, 165, 173)$, $(44, 117, 125)$ が手に入りました.

フェルマの小定理

今日の数論でフェルマの小定理と呼ばれている命題は 1640 年 10 月 18 日付で書かれたフェルマのフレニクル宛書簡に出ています（フェルマ全集，第 2 巻，209 頁に「フェルマの小定理」に該当する記事が見られます）．今日の数論では，フェルマの小定理はガウスが導入した合同式の記号を用いて表示されます．p は奇素数（2 以外の素数），a は p で割り切れない数とするとき．合同式

$$a^{p-1} \equiv 1 \pmod{p}$$

が成立することを主張するのがフェルマの小定理で，フェルマはこれを合同式の記号を用いないで語りました．

奇素数 p と p で割り切れない数 a を取り，a の冪を次々と作って幾何数列

$$a, a^2, a^3, \cdots, a^n, \cdots$$

を作り，さらにこれらの各々の冪から 1 を引いて数列

$$a-1, a^2-1, a^3-1, \cdots, a^n-1, \cdots$$

を作ります．このとき，この第 2 の数列に属する数の中に，p で割り切れるものが必ず存在するというのがフェルマの主張です．しかも，そのような現象が現れるとき，該当する a の冪 a^n の冪指数 n は，$p-1$ 以下の場合には $p-1$ の約数になります．これもフェルマの主張に含まれています．

フェルマは $p=13, a=3$ としてこの状勢を具体的に観察しています．3 の冪を次々と作っていくと，

$$3, 9, 27, 81, 243, 729, \cdots$$

という系列が現れます．各々の数から 1 を引くと，第 2 の系列

$$2, 8, 26, 80, 242, 728, \cdots$$

ができますが，冪指数 3 に対応する第 3 番目の数 26 は 13 で割

り切れます．しかも冪指数3は $13-1=12$ の約数です．これば
かりではなく，第6番目の数 $3^6-1=728$ も $p=13$ で割り切れ
ます．ここでもまた冪指数6は12の約数です．また，第12番
目の数 $3^{12}-1=531441-1=531440$ も 13 で割り切れて（商は
40880），冪指数 12 はやはり 12 の約数です．

このような状勢観察に続いて，この命題はどの系列とどの素
数においても一般に正しいとフェルマは明言し，それから，

> もし長くなりすぎることを気づかわなくてすむようでした
> ら，私はあなたに証明をお送りします．（フェルマ全集，
> 第2巻，209頁）

と言い添えました．フェルマは証明をもっていたことを示唆す
る言葉ですが，フェルマによる証明が公表されることはなく，
およそ100年ののちにオイラーの手ではじめて正しく証明され
ました．

フェルマの小定理と完全数

直角三角形の基本定理の泉はピタゴラスの定理ですが，フェ
ルマの小定理の泉をたずねると完全数に行き当たります．ピタ
ゴラスの定理も完全数も古典ギリシアの数学の果実で，ユーク
リッドの『原論』に記述されています．

完全数というのは「自分自身を除く約数の総和が自分自身に
等しい」という性質を備えている数のことで，ユークリッドの
『原論』には，2^n-1 が素数という前提のもとで，

$$(2^n-1)\times 2^{n-1}$$

という形の完全数が報告されています．この数が完全数である

ことは，自分自身を除く約数をすべて書き出して加えればわかります．$S_n = 2^n - 1$ と置いて約数を書き並べると，

$$1, 2, 2^2, \cdots, 2^{n-1} ; S_n, 2 \times S_n,$$
$$2^2 \times S_n, \cdots, 2^{n-2} \times S_n$$

となりますが，これらの総和を作ると，$1 + 2 + 2^2 + \cdots + 2^{n-1} = S_n$ に留意して，

$$1 + 2 + 2^n + \cdots + 2^{n-1} + S_n + 2 \times S_n + 2^2 \times S_n + \cdots + 2^{n-2} \times S_n$$
$$= S_n + S_n \times (2^{n-1} - 1)$$
$$= 2^{n-1} \times S_n$$

と計算が進みます．

これで $(2^n - 1) \times 2^{n-1}$ は完全数であることがわかりました．「$S_n = 2^n - 1$ は素数」という前提が気に掛かります．フェルマはここに着目し，S_n が素数ではない場合に関心を寄せたのではないかと思います．2の冪ばかりではなく，任意の数 a の冪 a^n を作り，$a^n - 1$ という形の数の約数を探索するという方針が，こうして定まりました．

S_n の約数の見つけ方

これに関連して，フェルマは不思議な事例を観察してフレニクルに報告していますので，いくつか紹介したいと思います．フェルマは $S_n = 2^n - 1$ という形の数の約数でありうるような素数を見つけようとして苦心を重ねていたのですが，ある平方数から出発するとひとつの道が開かれていきます．平方数から2，8，32などを差し引くと，「4の倍数より1だけ小さい素数」が残されて，しかもその素数は S_n の約数になることがありま

す．たとえば，平方数として $25=5^2$ を取り，ここから 2 を差し引くと 23 が残ります．23 は「4 の倍数 24 より 1 だけ小さい素数」であり，しかも $S_{11}=2^{11}-1$ を割り切ります．実際，等式

$$2^{11}-1=2048-1=23\times 89$$

が成立します．2^{11} の冪指数 11 は $23-1=22$ の約数です．

また，平方数 $49=7^2$ から 2 を差し引くと 47 が残りますが，47 は「4 の倍数 48 より 1 だけ小さい素数」であり，しかも $S_{23}=2^{23}-1$ を割り切ります．実際，等式

$$\begin{aligned}2^{23}-1&=8388608-1\\&=8388607=47\times 178481\end{aligned}$$

が成立します．2^{23} の冪指数 23 は $47-1=46$ の約数です．

もうひとつの例を挙げると，平方数 $225=15^2$ から 2 を差し引くと 223 が残ります．223 は「4 の倍数 224 より 1 だけ小さい素数」であり，$S_{37}=2^{37}-1$ を割り切ります．実際，等式

$$\begin{aligned}2^{37}-1&=137438953472-1=137438953471\\&=223\times 616318177\end{aligned}$$

が成立します．2^{37} の冪指数 37 は $223-1=222$ の約数です．

3 の冪より 1 だけ小さい数の約数

ここまでの例は「2 の冪から 1 を差し引いた数」の約数に関するものですが，2 の代りに 3 を取ってもよく似た現象が観察されます．平方数 $25=5^2$ から 3 を差し引くと 22 が残り，22 は 11 で割り切れます．11 は「4 の倍数 12 よりも 1 だけ小さい素数」であり，しかも 3^5-1 を割り切ります．実際，

$$3^5-1 = 243-1 = 242 = 11\times 22$$

が成立します．3の冪指数5は $11-1=10$ の約数です．また，平方数 $121=11^2$ から3を差し引くと118が残り，118は59で割り切れます．59は「4の倍数60より1だけ小さい素数」であり，しかも $3^{29}-1$ を割り切ります．実際，等式

$$3^{29}-1 = 68630377364883-1$$
$$= 68630377364882 = 59 \times 1163226734998$$

が成立します．3^{29} の冪指数29は $59-1=58$ の約数です．こんなふうにしてフェルマは a^n-1 という形の数の約数をたくさん見つけました．

「小さな命題」

平方数から2を差し引いたり，3を差し引いたり，不思議な手順が出現しましたが，同じ考え方に沿ってもうひとつ，フェルマは「小さな命題」(フェルマの言葉) を報告しました．

それは，ある平方数から2を差し引くとき，残される数は「2よりもある平方数だけ大きい素数」で割り切れないことがあるという命題で，例として挙げられたのは平方数 $1000000=1000^2$ です．ここから2を差し引くと，999998が残されます．2に平方数 $9=3^2$, $81=9^2$, $225=15^2$ を加えると素数11, 83, 227が得られますが，999998はこれらのどの素数でも割り切れませんから，フェルマの言葉のとおりです．

第8章

数論の泉

書簡の魅力

　フェルマの数論というと，フェルマが『バシェのディオファントス』の余白に書き留めた48個の「欄外ノート」がよく知られていますが，フェルマが遺した大量の書簡もまた数論の宝庫です．フェルマの全集の第2巻に収録された書簡は118通に達します．大半はフェルマが書いた手紙ですが，フェルマに宛てて書かれた手紙も散見し，全体に往復書簡集のような雰囲気がかもされています．第1書簡の日付は1636年4月26日で，宛先はメルセンヌ．フェルマの生誕年を近年の新説にしたがって1607年の末とすると，1636年4月のフェルマは満28歳です．

　1636年の手紙は18通を数えますが，数論に関する記述が登場するのは早く，メルセンヌに宛てた第12書簡にすでに多くの問題や命題が並んでいます．明確な日付の記入はなく，ただ9月もしくは10月と推定されています．以下，しばらく提示されている命題を列挙してみます．これまでもそうしたように，単に数といえば自然数（正の整数）のことで，負の整数が語られる場合にはそのつどそのように明記します．また，単に直角三角形といえば3辺がみな数であるものが考えられています．第12書簡はラテン語で綴られていますが，3辺がみな自然数の直角三角形は triangulum rectangulum numero もしくは

triangulum rectangulum in numeris と表記されています．フェルマの全集の第3巻に出ているフランス語訳を参照すると，該当する訳語はいずれも un triangle rectangle en nombres．「数で作られた直角三角形」という意味です．

面積が平方数となる直角三角形

フェルマはまず4個の問題を列挙しました．第1の問題は次のとおりです．

 1° 面積が平方数となる直角三角形を見つけること．

この問題は「欄外ノート」の第45番目にも出ています．第12書簡では問題として挙げられていますが，「欄外ノート」の第45番目を見ると，

 数直角三角形の面積は平方数ではありえない．

と冒頭で宣言されています．これを言い換えると第1の問題は解けない（見つからない）ということにほかなりません．ここで語られたのは未解決の問題の提示ではなく，ひとつの事実の発見であり，しかも証明にも成功したと言い添えられて，証明のあらすじさえ綴られました．フェルマが証明を書き綴るのは稀有なことですので，それ自体が注目に値します．フェルマの証明を支えているのは，近代数学史においてフェルマの名とともに語られることになる**無限降下法**という独自のアイデアです．

 スケッチとは言いながら，フェルマは相当に言葉を費やして

証明を綴り，最後に「余白が狭すぎる」という意味の言葉を書きました．

ディオファントスの『アリトメチカ』の第6巻，問題26にバシェが註釈をつけて，「その面積が与えられた数になるような直角三角形を見つけること」という問題を提示しました．フェルマの発見はそれに対するひとつの解答を与えています．

フェルマの大定理

第2の問題は次のとおりです．

  2° 直角三角形の斜辺と3辺の積との和が与えられたとき，その直角三角形の面積の上下の限界を見つけること．

第3の問題は後に**フェルマの大定理**と呼ばれることになる命題の一部分です．

  3° 和が4乗数になるような二つの4乗数を見つけること．あるいはまた，和が3乗数となるような二つの3乗数を見つけること．

「欄外ノート」の第2番目を見ると，フェルマの大定理が一般的な形で述べられています．フェルマは証明に成功したことを語るとともに，ここでもまた「余白が狭すぎる」という言葉を書き留めました．有名な言葉ですが，余白がなかったのはここだけではなく，第45番目のノートにも同じ言葉が見られるのは既述のとおりです．

第4の問題は次のとおりです．

  4°　ある平方数を公差とする等差数列を作る3個の平方数を見つけること．

この問題は第1の問題1°と関係があります．

多角数に関するフェルマの定理

上記の4問題に続いて，フェルマは自分が発見した二つの定理を書きました．第1の定理のみ紹介すると，それは**多角数に関するフェルマの定理**と呼ばれる命題です．フェルマは次のように言っています．

  どの数も1個，2個，もしくは3個の3角数の和である．どの数も1個，2個，3個，もしくは4個の4角数の和である．どの数も1個，2個，3個，4個，もしくは5個の5角数の和である．どの数も1個，2個，3個，4個，5個，もしくは6個の6角数の和である．どの数も1個，2個，3個，4個，5個，6個，もしくは7個の7角数の和である．以下も同様にどこまでも進んでいく．

多角数という名で呼ばれる数の一般形は次のとおりです．

  3角数　$\dfrac{n(n+1)}{2}$　$(n=1,2,3,\cdots)$

  4角数　n^2　$(n=1,2,3,\cdots.$
            平方数ともいいます．)

5角数　$\dfrac{n(3n-1)}{2}$　$(n=1,2,3,\cdots)$

6角数　$n(2n-1)$　$(n=1,2,3,\cdots)$

7角数　$\dfrac{n(5n-3)}{2}$　$(n=1,2,3,\cdots)$

　多角数に関する関心は古典ギリシアにおいてすでに現れていて，ディオファントスにも多角数に関する著作があります．実際,『バシェのディオファントス』の書名をそのまま訳出すると,

> 『いまはじめてギリシア語とラテン語で刊行され，そのうえ完璧な注釈をもって解明されたアレクサンドリアのディオファントスのアリトメチカ6巻，および多角数に関する1巻』(1621年)

となり,『バシェのディオファントス』には『アリトメチカ』とともに多角数に関するディオファントスの著作も収録されていることがわかります．

　この定理のことは「欄外ノート」の第18番目の記事でもすでに言及されています．ディオファントスの『アリトメチカ』の第4巻，問題34に対し，バシェが註記を書き,「どの数も平方数であるか，あるいは2個，3個，もしくは4個の平方数の和である」と述べていて，フェルマが発見した定理はこれを受けています．この間の消息は第12書簡でも触れられていて,

> ディオファントスはこの定理の第2の部分（註．4角数に関する命題）を想定しているように思われる．バシェはいろいろ試してみることによりその命題の正しさを確認しようとしたが，証明をもたらさなかった．

と言っています．この非常に一般的で，しかもいかにも美しい定理をはじめて発見したのは自分であるというのが，フェルマの自慢でした．

ここにディオファントスとバシェの名が登場するところを見ると，フェルマが『バシェのディオファントス』を読んで「欄外ノート」を書いたのは 1636 年の 9 月もしくは 10 月より早い時期だったことがわかります．

等差数列の 3 乗数の総和（1）

メルセンヌ宛の長文の手紙が続きます．フェルマは等差数列の 3 乗数の総和を求める問題を取り上げました．等差数列は算術数列と呼ばれることもありますが，その場合の「算術的」の原語は arithmetica（アリトメチカ）です．いくつかの数が等間隔に並んでいて，隣り合う二つの数の差がつねに同一の数であるとき，それらの数は「アリトメチカ的に進んでいく」というふうに認識されました．アリトメチカ的数列というのがもっとも相応しい呼称と思いますが，ここでは数の系列の具体的な姿に着目して等差数列という用語を採用することにします．

そこで，いくつかの数の作る等差数列が与えられたとして，公差，すなわち隣り合う二つの数の差と，数列を構成する数の個数がわかっているとき，数列に所属する数の 3 乗の総和を求めようというのが，フェルマが提示した問題です．フェルマはいかにも不思議な手順を考案してこれを解決しました．

最初に取り上げられたのは公差が 1 の等差数列で，フェルマは例として 9 個の数の作る等差数列

$$1, 2, 3, 4, 5, 6, 7, 8, 9$$

を挙げました．目標は3乗の総和
$$1^3+2^3+3^3+4^3+5^3+6^3+7^3+8^3+9^3$$
の値の算出ですが，フェルマはまず項数9に対応する3角数を作りました．3角数の一般形 $\frac{n(n+1)}{2}$ において $n=9$ に対応する数値を求めると，$\frac{9 \times 10}{2} = 45$．その平方を作ると2025．これが求める3乗数の総和の数値です．

冪乗和の公式でしたら今ではよく知られています．一般に，
$$S_k(n) = 1^k + 2^k + 3^k + \cdots + n^k$$
と置くと，
$$S_3(n) = \frac{1}{4} n^2 (n+1)^2$$
となります．右辺は3角数 $\frac{n(n+1)}{2}$ の平方ですから，フェルマが示した計算法と一致しています．

この計算法はフェルマが考案したわけではなく，はじめてこれを示したのはバシェであることをフェルマは説明しました．初項が1で，公差も1の等差数列の総和はバシェが知っていたことですが，公差が1ではない場合など，ここから先の計算法はすべて自分が見出だしたのだということを，フェルマははっきりと語りました．

等差数列の3乗数の総和 (2)

フェルマは公差4の等差数列
$$1, 5, 9, 13, 17$$
を例にとって説明を続けました．目標は3乗数の総和
$$1^3 + 5^3 + 9^3 + 13^3 + 17^3$$

の数値の算出です．

　提示された数列の最後の数は 17．公差 4 から 1 を引くと 3．17 と 3 を加えると 20 が得られますが，これに対応する 3 角数は $\frac{20\times21}{2}=210$．その平方を作ると 44100 が得られます．この数値から下記の手順により 3 個の数を差し引きます．

　公差 4 から 1 を引くと 3．そこで，初項 1 から始まり，公差が 1 の等差数列を第 3 項まで並べて数列 1, 2, 3 を作り，さらにそれらの 3 乗の総和を作ります．ここのところで前記の総和法が適用されます．これを実行すると，
$$1^3+2^3+3^3=36$$
が得られます．この数に，提示された数列の項数 5 を乗じると，$36\times5=180$ が得られます．これが，差し引くべき第 1 の数値です．

　次に，公差 4 から 1 を引くと 3．初項 1 から始まり，公差が 1 の等差数列を第 3 項まで並べて数列 1, 2, 3 を作り，さらに，今度はそれらの平方の総和を作ります（この総和法については後述します）．これを実行すると，
$$1^2+2^2+3^2=14$$
が得られます．これを 3 倍すると，$14\times3=42$．提示された数列の総和は，
$$1+5+9+13+17=45$$
となります（この総和法についても後述します）．そこで 42 と 45 を乗じて，$42\times45=1890$．これが，差し引くべき第 2 の数値です．

　最後に，公差 4 から 1 を引くと 3．初項 1 から始まり，公差が 1 の等差数列を第 3 項まで並べて数列 1, 2, 3 を作り，それらの総和を作ると，

$$1+2+3=6$$

となります．これを3倍すると，$6\times 3 = 18$．提示された数列の平方の総和を作ると（後述します），

$$1^2+5^2+9^2+13^2+17^2 = 1+25+81+169+289 = 565$$

となります．そこで 18 と 565 を乗じると，$18\times 565 = 10170$．これが，差し引くべき第3の数値です．

　これで，土台となる数 44100 と，そこから差し引くべき3個の数 180, 1890, 10170 が揃いました．引き算を実行すると，

$$44100 - 180 - 1890 - 10170 = 31860.$$

これを公差4で割ると，$\dfrac{31860}{4} = 7965$ という数値が得られます．これが求める3乗数の総和です．

等差数列の総和と等差数列を作る数の平方の総和

　フェルマは特別の等差数列について，それを構成する数の3乗の総和を求める計算手順を示しました．具体例に限定されているわけではなく，ここで繰り広げられた計算法は完全に一般的に成立するというのがフェルマの主張です．そこでこの計算法を振り返ると，フェルマは二つの事柄を既知として使用しています．前節で「後述する」と註記しておきましたが，ひとつは，「初項が1の等差数列の総和の算出法」です．前節の計算で総和 $1+5+9+13+17 = 45$ を求めました．これ自体はなんでもない足し算にすぎませんが，一般的な視点に立つと，公差 d の等差数列

$$1,\ 1+d,\ 1+2d,\ \cdots,\ 1+(n-1)d$$

の総和

$$\sum_{k=1}^{n}\{1+(k-1)d\}=(1-d)n+d\times\frac{n(n+1)}{2}$$
$$=\frac{n}{2}\{2+(n-1)d\}$$

を知っておく必要があります．この点について，バシェはこれを知っていたというのがフェルマの註記です．

前節の計算が成立するために不可欠のもうひとつの事柄は，初項と公差が1の等差数列

$$1,2,3,\cdots,n$$

の平方の総和

$$S_n=1^2+2^2+3^2+\cdots+n^2$$

を知ることです．フェルマは和 $1^2+2^2+3^2=14$ を求めました．これ自体はかんたんな計算にすぎないとしても，一般的な場合を考えようとすると S_n の数値の算出が不可欠になります．アルキメデスはこれを知っていたというのがフェルマの註記で，フェルマはアルキメデスの著作と伝えられる『螺旋について』を挙げました．フェルマ全集の編纂者はそこに脚註を附して，『螺旋について』の命題10を参照するようにと指示し，そこでは実質的に

$$3\sum_{k=1}^{n}k^2=n^3+n^2+\frac{n(n+1)}{2}$$

という等式が与えられているという情報を伝えています．もとよりフェルマも承知していた事実です．

等差数列の4乗数の総和

等差数列の3乗数の総和の算出に続いて，フェルマは等差数列の4乗数の総和の算出に向いました．初項と公差がともに1

の等差数列

$$1, 2, 3, 4$$

に例を求めて，4乗数の総和

$$1^4 + 2^4 + 3^4 + 4^4$$

の値を求める計算の手順が示されています．まずはじめに（バシェの方法により）和

$$1+2+3+4 = 10$$

を求め，それからその平方100を求めます．次に，提示された数列の最後の数4の平方16を作り，その16に2を加えて$16+2=18$を求め，これを先ほど算出した数100に乗じて$18 \times 100 = 1800$を作ります．

提示された数列の平方数の総和

$$1^2 + 2^2 + 3^2 + 4^2 = 30$$

を（アルキメデスの方法により）求め，これを先ほど求めた数値1800から差し引いて，$1800 - 30 = 1770$を作ります．最後に，これを5で割ると，$\dfrac{1770}{5} = 354$が得られます．これが求める4乗数の総和です．

ここではわずかな例が示されただけにすぎませんが，こんなふうに歩を進めていけば任意の冪指数に対する冪乗和$S_k(n)$の数値決定にたどりつけそうですし，フェルマ自身，実際にそのような口吻をもらしています．

素数の形状理論へ

数の理論を語るフェルマの言葉の数々を，フェルマ全集，第2巻に収録されている書簡集から拾いたいと思います．第74書

簡はパスカルに宛てたフェルマの手紙で，日付は 1654 年 9 月 25 日．ここに直角三角形の基本定理と類似の命題が書き留められています．直角三角形の基本定理では「4 で割ると 1 が余る素数」は二つの平方数の和の形に表されることが主張されていますが，「4 で割ると 1 が余る素数」は「4 の倍数より 1 だけ大きい素数」と言っても同じです．「$4n+1$ という形の素数」という言い方も可能で，その場合，$4n+1$ は n を不定数と見ると 1 次式ですから，素数の**線型的形状**という呼称があてはまります．他方，二つの平方数の和というのは x^2+y^2 という 2 次式による素数の表示です．そこで一般に二つの不定数 x, y の 2 次式による表示を指して，素数の**平方的形状**と呼ぶことにします．

素数 37 は $37 = 4\times 9 + 1$ と $4n+1$ という形に表示されます．これは 37 の線型的形状です．また，$37 = 1 + 36$ と x^2+y^2 という形にも表示されますが，これは 37 の平方的形状です．

上記のパスカル宛書簡には直角三角形の基本定理と類似の命題が二つ語られています．ひとつは，**3 の倍数より 1 だけ大きい素数，すなわち $3n+1$ という線型的形状をもつ素数は x^2+3y^2 という平方的形状で表される**という命題です．いくつかの例を挙げると次のとおりです．

$$7 = 4+3\times 1$$
$$13 = 1+3\times 4$$
$$19 = 16+3\times 1$$
$$31 = 4+3\times 9$$
$$37 = 25+3\times 4$$
$$43 = 16+3\times 9$$

13 と 37 は $4n+1$ 型でもあり $3n+1$ 型でもありますから，そ

れぞれに対応して2通りの平方的形状をもつことになります.

もうひとつの命題は,**8の倍数より1だけ,もしくは3だけ大きい素数**」,すなわち「**8n+1もしくは8n+3**」という形の素数は x^2+2y^2 という平方的形状をもつという命題です.たとえば,

$$3 = 1+2\times 1$$
$$11 = 9+2\times 1$$
$$17 = 9+2\times 4$$
$$19 = 1+2\times 9$$
$$41 = 9+2\times 16$$
$$43 = 25+2\times 9$$

というふうになります.これらの数のうち,17 と 41 は $4n+1$ 型でもありますから,$17=1+16, 41=16+25$ という平方的形状ももっています.

末尾の数字が3または7の素数の積

第96書簡はケネルム・ディグビィという人に宛てたフェルマの手紙です.非常に長文で,いろいろなことが書かれていますが,数論の話題もあります.そのひとつは,

末尾の数字が3または7で,しかも4の倍数より3だけ大きい二つの素数の積は x^2+5y^2 という形に表される.

というものです.そのような素数の線型的形状は $20n+3$ もしくは $20n+7$ で,たとえば

$$3,\ 7,\ 23,\ 43,\ 47,\ 67$$

という数が該当します．一例として，これはフェルマが挙げている例ですが，7 と 23 の積 $7\times 23 = 161$ は，

$$161 = 81 + 5\times 16$$

と表されます．あるいはまた 43 と 67 を取り上げると，その積は

$$43\times 67 = 2881 = 1 + 5\times 576\ (576 = 24^2)$$

となり，やはり $x^2 + 5y^2$ という平方的形状をもっています．

3 個の平方数の和への分解

次に挙げる命題も同じ第 96 書簡に見られます．

　　8 の倍数より 1 だけ小さい素数の 2 倍は 3 個の平方数の和の形に表される．

たとえば $7, 23, 31, 47$ などは 8 の倍数より 1 だけ小さい素数，言い換えると $8n-1$ という線形的形状をもっています．これらを 2 倍すると，$14, 46, 62, 94$ が得られますが，これらはそれぞれ

$$14 = 1 + 4 + 9$$
$$46 = 1 + 9 + 36$$
$$62 = 1 + 25 + 36$$
$$94 = 4 + 9 + 81$$

と 3 個の平方数の和の形に表示されます．

平方数ではない奇数は二つの平方数の差の形に表される

第57書簡はフェルマの手紙の断片で、宛先はメルセンヌか、あるいはフレニクルと推定されています。1643年の手紙です。

最初に提示された命題を紹介すると次のとおりです。フェルマは記号を用いていませんが、フェルマの言葉をそのまま訳出するのではなく、記号を補って再現してみます。

> 平方数ではない奇数 P が与えられたとき、それを二つの数の積として $P=ab$ と表わすとき、それらの二つの数 a,b を用いて二つの平方数 m^2, n^2 を作り、P を m^2 と n^2 の差の形に表すことができる。その際、m^2 と n^2 が互いに素なら、a と b も互いに素である。m^2 と n^2 が公約数 t^2 をもつなら、P は t^2 で割り切れ、a と b はどちらも t で割り切れる。

このままでは意を汲みにくいと考えたためか、フェルマは $P=45$ を例に取って説明を続けました。45は、

$$45 = 5 \times 9,\ 3 \times 15,\ 1 \times 45$$

というふうに3通りの仕方で二つの数の積に分解されます。これらの各々に対応して、45は、

$$45 = \begin{cases} 49-4 & (49 と 4 は互いに素) \\ 81-36 & (81 と 36 は公約数 9 をもつ。45 は 9 で割り切れ、\\ & \quad 3 と 15 はどちらも 3 で割り切れる。) \\ 529-484 & (529=23^2,\ 484=22^2.\ 23 と 22 は互いに素) \end{cases}$$

と二つの平方数の差の形に表されます。

一見すると難解ですが，$a>b$ として，
$$m = \frac{a+b}{2},\ n = \frac{a-b}{2}$$
と置くだけのことですから実際にはなんでもないことで，フェルマ自身，かんたんにわかると言っています．このような一般的な等式が成立するのは明白ですし，ひとたびこれを受け入れればどのような奇数も自在に平方数の差の形に表されます．ではありますが，フェルマは別段，代数の等式に関心があったわけではなく，奇数が二つの平方数の差に表されるという事実そのものにおもしろさを感じていたのであろうと思います．

　平方数，3乗数，4乗数などの冪乗数，3角数，4角数，5角数などの多角数のように，数の世界には興味をそそるおもしろい形の数がたくさん存在し，直角三角形の基本定理やフェルマの小定理のように不思議な法則さえ，次々と目に留まります．フェルマはディオファントスの『バシェのアリトメチカ』に示唆を受けて長い歳月にわたって数の世界を渉猟し，実に多くの現象を観察しました．「欄外ノート」や書簡群に記録された大量の観察記録こそ，まさしく西欧近代の数論の泉です．

第9章
無限降下法の力

第101書簡より

　数論の場においてフェルマは多くの命題を発見しました．証明も試みて成功したような口吻もあちこちでもらしていますが，完全な形で証明を書き下したことはなく，ただ「（数で作られた）直角三角形の面積は平方数ではありえない」という命題を語る際などに，ときおり無限降下法に基づく証明のスケッチを書き留める程度に留まっています．このあたりの消息は前回紹介したとおりです．

　無限降下法はフェルマの名と切り離すことのできない証明法です．フェルマの第101書簡（フェルマ全集，第2巻所収）を見ると，その適用の仕方をめぐってフェルマ自身が饒舌に語っていて大いに参考になりますので，しばらくフェルマの言葉に耳を傾けてみたいと思います．

　第101書簡の宛先はピエール・ド・カルカヴィ．フランスのリヨンに生れた人で，フェルマの友人です．第101書簡はフェルマ全集の編纂者のひとりであるシャルル・ヘンリーにより1880年になってはじめて公表されました．ヘンリーは『ピエール・ド・フェルマの手稿の研究』において紹介したのですが，実際には実物ではなくホイヘンスの手による写しでした．第

101書簡には1659年8月という日付が添えられているのみです．「つい最近」フェルマからカルカヴィに送付されたこと，カルカヴィはそれを1659年8月14日にホイヘンスに伝えたことが明らかにされていますので，「つい最近」というひとことに誘われて，実際にこの手紙が書かれた時期がひとまず推定されたのであろうと思います．

否定的な命題と肯定的な命題

　第101書簡を読み進めると，数の理論には確めるのが非常にむずかしい命題がいくつもあることを，フェルマははっきりと認識していた様子が伝わってきます．自分で発見したいろいろな命題を自分で証明しようとした様子がうかがわれますが，数学の書物に書かれている通常の方法ではとても証明できそうにないというので，独自の方法の開発を要請されました．フェルマはこれに成功し，「まったく特異な道（une route tout à fait singulière）」を発見したと告げ，その証明法を無限降下法（la descente infinie）もしくは不定降下法（「不定」の原語はindéfinie）と呼びました．自分で名前をつけたのです．

　フェルマの見るところ，数論の命題には「否定的な性格の命題」と「肯定的な性格の問題」があります．当初，フェルマが無限降下法を適用したのは否定的な命題に対してだけでした．否定的な命題というのはどのようなものかといえば，前に挙げた「（数で作られた）直角三角形の面積は平方数ではありえない」という命題はその一例です．

　証明はどのような手順で進むのかというと，まず「面積が平方数の直角三角形」（本書で語られる直角三角形はすべて数直角三角形，すなわち3辺が自然数の直角三角形です）が存在す

130

ると仮定します．このとき，同じく「面積が平方数になる」という性質をもち，しかもその面積ははじめの直角三角形の面積よりも小さいものが見つかります．実際にそのような直角三角形を作るところに技巧上の工夫が要請されるのですが，フェルマはこれに成功した模様です．

こうして新たに出現した直角三角形を第2番目として，以下も同様に進めると，第3，第4，…の直角三角形が次々と作られていきます．これに対応してそれぞれの直角三角形の面積を並べていくと，次々と小さくなっていく平方数の系列が現れて，しかもどこまでも際限なく続きます．ところが，ある数(自然数)が与えられたとき，それよりも小さくなっていく数の系列がどこまでも限りなく続くということはありえません．数の世界には下方に限界があり，1よりも小さい数は存在しないからです．こうしてありえない事態に逢着しましたが，この矛盾は「面積が平方数の直角三角形が存在する」と仮定したことから発生したのですから，その最初の仮定はまちがっていることになります．

無限降下法の神秘とは

どこまでも限りなく減少していく数の系列，すなわち数の無限降下列を構成するところに，無限降下法という，フェルマが発見した特異な証明法の要点が認められます．ただし，この方法で語られているのは証明のアイデアですから，具体的な命題に実際に適用しようとすると，個別の工夫が必要になります．上記の命題でいうと，与えられた直角三角形を元手にして，第2の直角三角形を作り出してみせるのが肝心なところです．フェルマは第101書簡では詳しい手順を書いていませんが，その

理由はといえば，

> 私の方法の神秘 (le mystère) はまさしくそこのところだから．

というのです．細部にわたって懇切に叙述しないと本質が伝わらないおそれがありますが，そうかといって詳説を試みるとあまりにも長くなってしまうからというので，むしろ何も書かないことにしたのでしょう．

　第101書簡では「面積が平方数の直角三角形は存在しない」という命題の証明を語らなかったフェルマですが，第45番目の「欄外ノート」には相当に具体的なスケッチが見られます．後年，ルジャンドルはフェルマのスケッチの細部を補って完全な証明を構成しようと試みて，著作『数の理論のエッセイ』(1798年) において報告しました．フェルマの数論はオイラーとラグランジュに継承されて生い立ちました．それらを集大成して大きなまとまりの感じられる「数の理論」を構築するところに，ルジャンドルのねらいがあり，その際，フェルマのスケッチを完成の域に高めることは，ルジャンドルにとって恰好の目標になったにちがいありません．

肯定的な問題に適用すると

　次に挙げる命題も「否定的な命題」の事例です．

> 3の倍数よりも1だけ小さい数で，ある平方数と他の平方数の3倍で作られるものは存在しない．

「3 の倍数よりも 1 だけ小さい数」というのは $3n-1$ という形の数のことで，このような数は a^2+3b^2 という形ではありえないというのがこの命題の主張で，フェルマの発見です．これを無限降下法で証明しようというのであれば，「$3n-1$ という形の数であって，しかも a^2+3b^2 という形でもあるものが存在する」という仮定から出発することになります．「存在しない」ことを主張する「否定的な命題」であれば，「存在する」と仮定して，そこに手掛かりを求めて議論を始めることになりますが，フェルマはこのタイプの論証には大きな自信をのぞかせています．

これに対し，「存在する」「成立する」「… が可能である」ということを主張する「肯定的な命題」は苦手だったようで，

> 私は長い間，私の方法を肯定的な諸問題に適用することができないままだった．

と率直に語っています．無限降下法を適用しようとしても手掛かりがつかみにくかったのです．もう少し具体的に言うと，

> 「4 の倍数よりも 1 だけ大きい素数はどれも二つの平方数で作られる」ということを証明しなければならなくなったとき，たいへんな苦境に陥った．

というのでした．ここで語られているのは「直角三角形の基本定理」です．これをはじめて正しく証明をしたのはオイラーですが，フェルマもまた証明を追い求めていたことがはっきりとわかり，こころを引かれます．

「直角三角形の基本定理」と無限降下法

　フェルマは無限降下法による「直角三角形の基本定理」の証明に確信を抱いていたようで，何度も繰り返して考察を重ねました．無限降下法を適用することができるようにするためには，何かしら新しい原理を発見しなければならなかったのですが，あるときついに明るい光が射して証明に成功したと，フェルマはこの間の消息を伝えています．

　「直角三角形の基本定理」を証明するために，「4の倍数よりも1だけ大きい素数のなかに，二つの平方数の和の形になりえないものが存在する」と仮定してみます．このとき，そのような素数より小さくて，しかも「二つの平方数の和の形にはなりえない」という，同じ性質を備えた素数が存在することを論証しなければなりません．フェルマが苦心を払ったのはここのところであろうと思います．

　そのようにして見つかる素数を第2の素数として論証を続けると，第3の素数，第4の素数，…相次いで見つかります．この手順がどこまでも果てしなく続きますから，「二つの平方数の和の形にはなりえない」という性質を備えた「4よりも1だけ大きい素数」の系列が出現します．この系列を作る素数は次々と小さくなっていくのですから，最後は，「4よりも1だけ大きい素数」のなかの最小の数5に達します．ところが等式 $5 = 1 + 4$ が成立し，5は二つの平方数の和の形に表されますから，ここにおいて矛盾に逢着することになりました．これがフェルマによる「直角三角形の基本定理」の証明のあらすじです．

　フェルマはどのような新原理を発見したのか，正確なことはわかりません．はたして本当に無限降下法で証明することができるのかどうか，それも不確実です．フェルマの確信はともかくとして，18世紀に入って数学史上に実際に現れたオイラーの

証明は無限降下法によるものではありませんでした．

デカルトの手紙より

　数論の場でフェルマが発見した「肯定的な命題」はおびただしい数にのぼります．フェルマはそれらをみな無限降下法で証明しようとしたのですが，そのためには個々の命題の性格に応じてそのつど新しい原理が要請されます．それらを見つけようとするといつでもきわめて大きな困難に直面し，極端なほどの骨折りをもってようやく成功すると，フェルマは嘆息めいた言葉を書き留めました．それでもなお「成功した」と明記しているところに，ひとまず注目しておきたいと思います．フェルマ自身は命題の発見にとどまったわけではなく，証明にも深くこころを寄せてたいへんな苦心を重ね，しかも成功を確信していた様子が伝わってきます．

　そのような肯定的な命題の一例として，フェルマは「バシェが決して証明することができないと告白している問題」（フェルマの言葉）を挙げています．それは，

　　どのような数も，平方数であるか，二つの平方数で作られるか，三つの平方数で作られるか，あるいはまた四つの平方数で作られる．

という命題で，これを証明することが問題として課されました．後年，ラグランジュが証明に成功し，今日の数論では**4平方定理**とか**4平方数定理**などと呼ばれています．平方数は4角数と同じもので，多角数の一種ですから，「4平方数定理」は一般の「多角数定理」の特別の場合です．ラグランジュは

「アリトメチカの一定理の証明」(ベルリン王立科学文芸アカデミー新紀要, 1770年. 実際の刊行年は1772年)

という論文で, この定理の証明を綴りました.

バシェは『バシェのディオファントス』にこのような言葉を書き留めたのですが, デカルトも同意見だったとフェルマは言い添えました. デカルトはある手紙の中でこの命題に言及し,「その問題はあまりにもむずかしいので, これを解決するための道が見えないと告白している」というのです. そのデカルトの手紙は1658年7月27日付でメルセンヌに宛てて書かれた一通で, デカルトはそこでこんなふうに語っています.

> この定理は疑いもなく, 数に関して見出だしうるもっとも美しい諸定理のひとつである. だが, この定理に対して, 私はその証明を知らないし, あまりにも困難なのでその証明を探そうとあえて企てようとも思わない.

フェルマ全集第2巻所収の第101書簡が書かれたのは1659年8月と推定されますが, デカルトの手紙はそれに先立っておよそ1年前に書かれています. フェルマはメルセンヌを経由してデカルトの手紙を知ったのでしょう.

4平方数定理を無限降下法で証明しようというのであれば, この定理があてはまらない数の存在を仮定します. 高々4個の平方数の和の形に表されない数が存在するという状況を仮定し, そのうえで同じ性質を備えている数の減少列の構成をめざすことになります. 何らかの新しい工夫が要請されるのはその場面においてです. フェルマはこの企てに成功したと確信したようで,「私はついにこの問題を私の方法でねじふせた」と宣言しています.

自分で見つけた数論の諸命題を，ことごとくみな無限降下法で証明しようとするのがフェルマの流儀です．

非平方数の一性質

　第 101 書簡の続きを読むと，「フレニクルや他の人びとに提示したことのある問題」に出会います．「他の人びと」というのはイギリスの数学者たちのことで，フェルマはイギリスの数学者たちに向けて 2 度にわたって挑戦状を送り届けました．第 1 の挑戦状の日付は 1657 年 1 月 3 日で，フェルマの全集では第 79 書簡．第 2 の挑戦状は 1657 年 2 月に書かれたもので，第 81 書簡です．1657 年 2 月にフェルマが語ろうとしているのはあらゆる（正の）非平方数に共通に認められるひとつの性質を明らかにしようとすることで，第 101 書簡ではその性質は次のように言い表されています．

　　　どのような非平方数に対しても，無限に多くの平方数が存在し，それらの平方数の各々を提示された数に乗じると，ある平方数よりも 1 だけ小さい数が作られる．

　イギリスの数学者たちへの第 2 の挑戦状では少し異なり，「どのような非平方数に対しても，無限に多くの平方数が存在し，それらの平方数の各々を提示された数に乗じて 1 を加えると平方数が作られる」となっています．この言い回しはフレニクルに宛てた 1657 年 2 月の手紙（第 80 書簡）でも採用されていますが，どちらでも同じです．

　非平方数 a に平方数 x^2 を乗じて 1 を加えると ax^2+1 という形の数が生じます．これを平方数 y^2 と等値すると，等式

$$ax^2+1=y^2$$

が現れます．この等式を満たす数 x が無数に存在するというのがフェルマの発見です．フェルマはこれをあくまでも非平方数 a の性質として語っているのですが，今日の目には不定方程式が提示されたように見えます．与えられた a に対して無数の x を見つけようというのがフェルマの視点であるのに対し，上記の等式を満たす x と y の探索をめざすのが不定方程式の視点です．実際，はっきりとこの視点を打ち出したのはラグランジュで，ラグランジュの流儀はそのまま今日に継承されて，上記の等式は**ペルの方程式**と呼ばれるようになりました．

不定方程式論が数論でありうる理由

　もともとアリトメチカというのは数の個性の探究をめざすところに真意があり，古典ギリシアでも完全数などが注目を集めていました．ディオファントスもフェルマもこの流れを汲んでいるのですが，ラグランジュは視点を変換して，フェルマが提出した一問題を不定方程式の問題とみなしました．**不定方程式論がアリトメチカ（数の理論）でありうる理由**がここにあります．

　1657 年 2 月のフレニクル宛書簡（第 80 書簡）には，かんたんな具体例が挙げられています．非平方数 3 を例に取ると，3 に平方数 1 を乗じて 1 を加えると $3×1+1=4$ となります．これは平方数です．あるいはまた 3 に平方数 16 を乗じて 1 を加えると $3×16+1=49$ となり，これもまた平方数です．非平方数 3 に対し，平方数 1 と 16 は求める平方数の例になっていることがわかりますが，フェルマが望んでいたのは，そのような

平方数を組織的に見つけるための一般的な規則でした．61 に乗じて 1 を加えると平方数になるような平方数のうち，最小のものは何かとか，109 ならどうかなどとフェルマは問うています．一般規則が見出だされたなら，このような疑問にもたちまち応じられるにちがいありません．

ペルの方程式

　ペルの方程式を解くことは数論の転換点に位置する問題ですので，語るべきことがいろいろあります．フェルマ自身はこれを不定方程式と見ることはなく，非平方数に固有の一性質として追い求めようとしましたが，きわめてむずかしい問題であることははっきりと自覚していました．フェルマによると，フレニクルとウォリス（ジョン・ウォリス．イギリスの数学者）はそれぞれいくつかの個別の解を与えたものの，一般規則の発見にはいたりませんでした．これを見つけるには無限降下法をもってするほかはないとフェルマは自負しているとはいうものの，その解法はついに公表にいたりませんでした．　ペルの方程式を完全に解決したのはラグランジュで，

　　「アリトメチカの一問題の解決」（トリノの学術誌「トリノ論文集」第 4 巻，1766-1769 年）

という論文で詳細に報告されました（第 11 章でもう一度，この論文に立ち返ります）．フェルマがはじめて問題を提示してから 100 年ものちのことになります．ラグランジュのアイデアは a の平方根 $\sqrt{a}$ の連分数展開に着目するところにありましたが，ラグランジュはこれをオイラーに学びました．オイラーは

論文

「ペルの問題を解決する新しいアルゴリズムの利用について」（ペテルブルク帝国科学アカデミー新紀要，第 11 巻，1765 年．1767 年刊行）

においてペルの方程式の解法を論じ，数の平方根は周期的な連分数に展開されることをすでに表明しています（ただし，証明は欠如していました）．

　オイラーの論文の表題に「ペルの問題」という言葉が見られますが，これが「ペルの方程式」という呼称の由来です．フェルマがイギリスの数学者たちに挑戦状を送付したとき，フェルマの念頭にあったのはわけてもウォリスだったにもかかわらず，オイラーは勘違いをしたようで，もうひとりのイギリスの数学者ペルの名をここに挙げたのでした．本当は「ペルの方程式」ではなく「ウォリスの方程式」と呼ぶべきだったのですが，すっかり定着して今日にいたっています．

二つの否定的な命題

　第 101 書簡が続きます．フェルマはなおいくつかの数論の命題を挙げて，無限降下法を適用して解決をめざしました．

　　　二つの 3 乗数に分けられる 3 乗数は存在しない．

　これは「フェルマの大定理」の特別の場合ですが，フェルマはあちこちでこの命題を語っています．続いて語られた二つの命題には否定的な印象が伴っています．

第 9 章　無限降下法の力

　　　2 だけ増加すると 3 乗数になる平方数はただひとつしか
　　存在しない．それは 25 である．

　文字を用いてこの命題を表す等式を書くと，$x^2+2=y^3$ となります．平方数 $x^2=25$ に 2 を加えると 27 になり，これは 3 の 3 乗です．25 のほかにはこのような平方数は存在しないというのがフェルマの主張で，否定的な命題のひとつです．

　　　4 だけ増加すると 3 乗数になる平方数は 2 個しか存在しな
　　い．それは 4 と 121 である．

　今度は $x^2+4=y^3$ という等式を書き，これを満たす平方数 x^2 を求めるのですが，4 に 4 を加えると $8=2^3$，121 に 4 を加えると $125=5^3$ となりますから，4 と 121 は確かに求められている平方数に該当します．そのような平方数はこの二つのほかには存在しないとフェルマは主張しています．この命題の印象もまた否定的です．

フェルマの数とフェルマの素数

　上記の二つの命題はいずれも否定的な命題ですが，次に挙げる命題の文言の姿それ自体は肯定的です．

　　　2 の平方冪に 1 を加えた数はすべて素数である．

　原文の" les puissances quarrées de 2 "をそのまま訳出して「2 の平方冪」としました．これは

141

$$2^{2^n}+1 \ (n=0,1,2,3,\cdots)$$

という形の数のことで，今日では**フェルマの数**という呼称が定着しています．フェルマ数はすべて素数であるというのがフェルマの主張ですから，もしこれが正しいなら，フェルマ数ではなく，**フェルマ素数**というほうが相応しいのですが，後年，オイラーが反例を作りました．オイラーは論文

「数の約数に関する諸定理」(ペテルブルク帝国科学アカデミー新紀要，第 1 巻，1747/8 年．1750 年刊行)

において，

フェルマ数 $2^{2^m}+1$ の約数はつねに $2^{m+1}n+1$ という形である．

という命題を示しました．これによると，$m=5$ に対応するフェルマ数 $2^{32}+1=$ 4294967297 の約数は $64n+1$ という形でしかありえないことになりますが，実際に 641 が約数になり，

$$4294967297 = 641 \times 6700417$$

という分解が成立します．ひとつ手前の $m=4$ までのフェルマ数は順に 3, 5, 17, 257, 65537 となり，どれもみな素数です．

　フェルマ自身はフェルマ数はすべて素数であることを確信していたようで，無限降下法の力で証明しようと試みていた模様です．「すべてのフェルマ数は素数である」というのですから肯定的な命題のように見えますが，ある数が素数であるというのは，いかなる数でも割り切れないということですから，実は否定的命題であるというのがフェルマの所見です．フェルマがこの命題に気づいたのは早く，1640 年 10 月 18 日付で書かれた

フレニクル宛書簡（第44書簡）にもすでに現れています．パスカルに宛てた1654年8月29日付の手紙（第73書簡）では証明がはなはだ困難であることに言及し，「あなたには打ち明けますが，まだ証明を完全に見つけることはできていないのです」と心情を吐露しています．

フェルマの数論の印象

数論の命題を次々と発見していくフェルマの姿を思い浮かべると，まるで俳人のようだという強い印象に襲われます．フェルマの数論は句作に似ています．あらゆる句は五十音図に配置されている17個前後の文字で作られていますが，$1, 2, 3, \cdots$ という数の系列はまるで五十音図のようで，フェルマが発見した数にまつわるあらゆる事象はこの数列に埋め込まれています．

フェルマはまた植物を採集する人のようでもあります．数の世界を渉猟し，多種多様な美しい植物を観察して丹念な描写を重ね，西欧近代の数学における数論の泉になりました．フェルマの目には，ゲーテがイタリア旅行の途次パレルモの植物園で発見したという，あらゆる植物の原型，すなわち「原植物」さえ映じていたかのように思われます．

第10章
直角三角形から不定解析へ

ミシェル・ド・サン＝マルタンの問題

　フェルマが遺した大量の書簡のひとつひとつに目を通していくと，実にさまざまな数が目に留まります．ごく小さな数もあれば，非常に大きな数もあるというふうで，どのような意味をもっているのか，あるいはまたどのようにして見つけたのか，即座に諒解しがたいものも多いのです．

　第54書簡はメルセンヌに宛てたもので，日付は1643年1月27日．経緯がよくわからないのですが，ミシェル・ド・サン＝マルタンという人が提出した数論の問題が二つあったようで，それに答えようとしています．第1の問題を紹介すると次のとおりです．

　　　三つの直角三角形で，それらの面積がある直角三角形の3
　　　辺になっているようなものを見つけること．

　単に直角三角形といえばつねに数直角三角形，すなわち3辺の長さがみな自然数であるものを指しているのはこれまでのとおりです．三つの直角三角形 $\triangle_1, \triangle_2, \triangle_3$ があり，それらの面積をそれぞれ S_1, S_2, S_3 とすると，S_1, S_2, S_3 を3辺とする直角三角形ができることがある．そのような直角三角形を見つけよと

いうのが第1の問題で,「直角三角形をたくさん作る」という,フェルマが関心を寄せていた一系の問題群に所属しています.

フェルマは
$$\triangle_1:(196, 2397, 2405), \quad \triangle_2:(188, 2205, 2213),$$
$$\triangle_3:(96, 2303, 2305)$$
という,例を挙げました.等式 $2405^2 = 2397^2 + 196^2$ が成立していますから,$\triangle_1:(196, 2397, 2405)$ は直角三角形.同様にして,他の二つの三角形も直角三角形であることがわかります.

それぞれの面積を算出すると,
$$S_1 = 234906, \quad S_2 = 207270, \quad S_3 = 110544$$
となりますが,平方を作ると,
$$S_1^2 = 55180828836, \quad S_2^2 = 42960852900,$$
$$S_3^2 = 12219975936$$
という数値が得られて,ピタゴラスの等式
$$S_1^2 = S_2^2 + S_3^2$$
が成立します.これで (S_3, S_2, S_1) は直角三角形であることが判明しました.

不定解析の視点に立つと

この問題を不定解析の視点から観察し,方程式を立ててみます.$\triangle_1$ を (x_1, y_1, z_1),$\triangle_2$ を (x_2, y_2, z_2),$\triangle_3$ を (x_3, y_3, z_3) と表記すると,それらの面積はそれぞれ
$$S_1 = \frac{1}{2} x_1 y_1, \quad S_2 = \frac{1}{2} x_2 y_2, \quad S_3 = \frac{1}{2} x_3 y_3$$
となりますから,9個の未知数 $x_1, y_1, z_1, x_2, y_2, z_2, x_3, y_3, z_3$ を

連繋する4個の方程式
$$x_1^2+y_1^2=z_1^2, \quad x_2^2+y_2^2=z_2^2,$$
$$x_3^2+y_3^2=z_3^2, \quad x_1^2y_1^2=x_2^2y_2^2+x_3^2y_3^2$$
が出現します．

この方程式系には無数の解が存在することをフェルマははっきりと認識し，しかもそれらのすべてを見つける方法も手にしていた模様ですが，ひとつの解だけをここに例示したのでした．

直角をはさむ2辺の差が1となる直角三角形（続）

ミシェル・ド・サン＝マルタンに由来する上記の問題は，すでに「欄外ノート」の第29番目に現れています．1636年12月16日付でロベルヴァルに宛てて書かれた手紙（第18書簡）でも言及されていますが，「非常にむずかしい」という主旨の心情が吐露されているばかりで，解決を与える三つの直角三角形の姿は見られません．

フェルマが直角三角形に大きな関心を寄せていたことはこれまでにしばしば紹介したとおりですが，フェルマが発見した直角三角形のあれこれをもう少し拾ってみたいと思います．第58書簡の宛先はサン＝マルタンで，日付は1643年5月31日です．

最初に語られる問題は次のとおりです．

> 直角をはさむ2辺の差が1となる第6番目の直角三角形を求めよ．

逐語訳ではなく，意を汲んでフェルマの言葉を訳出しました．「第6番目」の一語の意味はこのままでは不明です．第1番目の直角三角形を $(3, 4, 5)$ として，ここから出発して次々

と直角三角形を作り，第6番目にいたるというのがフェルマの言葉の主旨で，フェルマはその手順を明示しています．まず3辺を加えて $3+4+5=12$ を作ります．これを2倍して $2\times 12=24$. 24 から直角をはさむ2辺を差し引いて，二つの数 $24-3=21$, $24-4=20$. 24 に斜辺を加えて $24+5=29$．これで三つの数 20, 21, 29 が揃いました．ピタゴラスの等式 $29^2=20^2+21^2(=841)$ が成立していますから，(20, 21, 29) は直角三角形です．しかも，要請されているように，直角をはさむ2辺 20 と 21 の差は 1 になっています．これが第2の直角三角形です．

以下の手順も同様に進みます．第2の直角三角形 $(20, 21, 29)$ から出発して，

$$20+21+29=70,\ 2\times 70=140,$$
$$140-21=119,\ 140-20=120,$$
$$140+29=169$$

と進んで，第3の直角三角形 (119, 120, 169) が見つかります．ここから出発すると，

$$119+120+169=408,\ 2\times 408=816,$$
$$816-120=696,\ 816-119=697,$$
$$816+169=985$$

と進み，直角三角形 (696, 697, 985) が見つかります．これが第4の直角三角形です．続いて，

$$696+697+985=2378,\ 2\times 2378=4756,$$
$$4756-697=4059,\ 4756-696=4060,$$
$$4756+985=5741$$

となり，第5の直角三角形 (4059, 4060, 5741) が見つかります．
最後に，

$$4059+4060+5741=13860,\ 2\times 13860=27720,$$
$$27720-4060=23660,\ 27720-4059=23661,$$
$$27720+5741=33461$$

と計算を進めると，非常に大きな直角三角形

$$(23660,\ 23661,\ 33461)$$

が見つかります．これがフェルマのいう第6番目の直角三角形ですが，この計算手順はここから先もどこまでも続き，際限なく巨大な直角三角形が出現します．フェルマはこのような光景に心をとらえられたのでした．

この計算手順を一般的な視点から確認するのは容易です．実際，直角三角形 (a,b,c) が与えられたとして，それには条件 $b-a=1$ が課されているとします．このとき，フェルマにしたがって三つの数

$$A=2(a+b+c)-b=2a+b+2c$$
$$B=2(a+b+c)-a=a+2b+2c$$
$$C=2(a+b+c)+c=2a+2b+3c$$

を作ると，

$$A^2+B^2=(2a+b+2c)^2+(a+2b+2c)^2$$
$$=5(a^2+b^2)+8c^2+8ab+12bc+12ca$$
$$=13c^2+8ab+12bc+12ca$$
$$C^2=(2a+2b+3c)^2$$
$$=4(a^2+b^2)+9c^2+8ab+12bc+12ca$$
$$=13c^2+8ab+12bc+12ca$$

（ここで，ピタゴラスの等式 $c^2=a^2+b^2$ を用いました．）
となり，ピタゴラスの等式 $C^2=A^2+B^2$ が成立していることがわかります．それゆえ，(A,B,C) は直角三角形です．しか

も $B-A = b-a = 1$ となりますから，直角をはさむ2辺の差が1という条件も満たされています．

　こうしてかんたんな代数の計算によりフェルマが示した手順は一般的に確認されました．ではありますが，フェルマが発見したのはあくまでも一系の直角三角形を作り出す手順なのであり，直角三角形から離れた場所で上記のような代数計算の規則を見つけて，それを適用して直角三角形を作ったのではありません．代数の計算はフェルマの発見の正しさをやすやすと保証してくれますが，**代数の計算から発見が生れるわけではない**ことに，ここでくれぐれも留意しておきたいと思います．

直角をはさむ2辺の差が7となる直角三角形

　直角をはさむ2辺の差が7になる直角三角形も存在します．フェルマは (5, 12, 13) と (8, 15, 17) という二つの例を挙げていますが，これらの各々から出発して「直角をはさむ2辺の差が1」の場合と同様の手順をたどると，「直角をはさむ2辺の差が7」となる直角三角形が次々と現れます．

　たとえば (5, 12, 13) から出発すると，3辺を加えて $5+12+13 = 30$．これを2倍して $2 \times 30 = 60$．60から直角をはさむ2辺をさしひいて $60-12 = 48, 60-5 = 55$．60に斜辺を加えて $60+13 = 73$．これで「直角をはさむ2辺の差が7」になる直角三角形 (48, 55, 73) が得られました．

　もうひとつの直角三角形 (8, 15, 17) から出発すると，同様の手順を経て直角三角形 (65, 72, 97) が手に入ります．

直角をはさむ2辺の和と斜辺がともに平方数になる直角三角形

メルセンヌに宛てたフェルマの第59書簡(1643年8月)には非常に大きな直角三角形が報告されています。それは**斜辺が平方数で,しかも直角をはさむ2辺の和もまた平方数になる直角三角形**で,一例として,フェルマは

(1061652293520, 4565486027761, 4687298610289)

という直角三角形を書きました.3辺とも13桁に達する巨大な三角形です.

探索の対象となる直角三角形の斜辺は平方数ですから,これを z^2 とします.直角をはさむ2辺を x, y とすると,求める直角三角形は (x, y, z^2) という形になりますが, x と y の和を平方数 w^2 と等値し,さらにピタゴラスの等式を書くと,連立不定方程式

$$x^2 + y^2 = z^4$$
$$x + y = w^2$$

が現れます.不定解析の立場から解釈すると,フェルマはこの方程式系のひとつの解

$$x = 1061652293520,$$
$$y = 4565486027761,$$
$$z = 4687298610289$$

を報告したことになります.

フェルマが提示した例について,もう少し計算を進めて諸状勢を確認しておくと,

$$4687298610289 = 2165017^2,$$
$$1061652293520 + 4565486027761 = 2372159^2$$

となりますから,斜辺も直角をはさむ2辺の和も平方数になっています.

直角をはさむ2辺の和の平方を面積に加えると平方数になる直角三角形

メルセンヌに宛てた第60書簡（1643年9月1日）には，**直角をはさむ2辺の和の平方を面積に加えると平方数になる直角三角形を見つける**という問題が出ています．サン＝マルタンもフレニクルもとても解けないと断念したというほどの難問ですが，フェルマはこともなく見つけたようで，

$$(78320, 190281, 205769)$$

という例をメルセンヌに伝えました．ピタゴラスの等式

$$205769^2 = 78320^2 + 190281^2 \ (= 42340881361)$$

が成立していますから，フェルマが書いた3個の大きな数はたしかに直角三角形の3辺を作っています．

直角をはさむ2辺の和は $78320 + 190281 = 268601$．その平方は $268601^2 = 72146497201$．
この数値に面積

$$S = \frac{1}{2} \times 78320 \times 190281 = 7451403960$$

を加えると，

$$72146497201 + 7451403960 = 79597901161 = 282131^2$$

という平方数が得られます．これで，フェルマが書いた直角三角形において，「直角をはさむ2辺の和の平方を面積に加えると平方数になる」ことが確認されました．

一般に「直角をはさむ2辺の和の平方を面積に加えると平方数になる直角三角形」の直角をはさむ2辺を x, y とすると，生じる平方数を z^2 と表記して，

$$\frac{1}{2}xy + (x+y)^2 = z^2$$

という形の等式が生じます．これを不定方程式と見ると，フェ

第10章 直角三角形から不定解析へ

ルマはひと組の解
$$x = 78320, \quad y = 190281, \quad z = 282131$$
を見つけたことになります．ただし，その道筋については何も語られていません．

直角三角形の探索から不定解析へ

さまざまな限定を課して直角三角形を求めようとする問題は不定方程式の言葉に翻案されますが，直角三角形とは無関係の問題の中にも不定方程式の視点からの解釈を許容するものも存在します．カルカヴィ宛の第101書簡（1659年8月）については前章（第9章）で紹介しました（130-133頁参照）．そこに

> 2を加えると3乗数になる平方数はただひとつしか存在しない．

という命題が記されていて，その平方数というのは実は25です．今，そのような平方数を x^2 で表すと，不定方程式
$$x^2 + 2 = y^3$$
が現れますが，この方程式を満たしうる x は $x = 5$ のみであるというのがフェルマの主張です．対応する y の値は $y = 3$ です（140-141頁参照）．

また，

> 4を加えると3乗数になる平方数は二つしか存在しない．

という命題もあります．その平方数は実は4と121ですが，今，そのような平方数を x^2 で表すと，今度は不定方程式

$$x^2+4=y^3$$
が現れます．この方程式を満たす x は $x=2$ と $x=11$ のみであるとフェルマは主張したことになります．これらに対応する y の値はそれぞれ $y=2$ と $y=5$ です（141頁参照）．

さらにもうひとつ，

> ある平方数の2倍よりも1だけ小さくて，しかも同じ形の平方数を作る数は二つしか存在しない（1と7）．

という命題も語られています．ある平方数の2倍よりも1だけ小さい数は $2x^2-1$ という形です．そのような数のうち，平方してもなお同じ形を保つものというのですから，不定方程式
$$2y^2-1=(2x^2-1)^2$$
が現れて，これを満たす数 y が存在するような x が求められています．そのような x は1と2のみであり，対応する $2x^2-1$ の値として1と7が見つかります．フェルマはこの事実の証明に成功し，フレニクルに送付したとカルカヴィに伝えました．フレニクルは証明を見つけることができなかったのです．

　第101書簡にフェルマが書き留めた三つの問題を紹介しました．どの問題でも平方数が求められているとはいうものの，直角三角形との関連はもう見られません．それでもなお平方数から完全に乖離しているわけではありませんから，一般の不定解析の世界に移ったとも言い難いところです．ラグランジュのように不定解析の立場に身を置いた人の目には，フェルマが取り上げた問題の多くは特殊な形の不定方程式の解を求めようとしているように映じたのであろうと思います．

　フェルマが望んでいたのはどこまでも平方数に備わっている

諸性質を知ることで，直角三角形に手掛かりを求めて探究を推し進めたのですが，フェルマ自身の言葉の中に，不定解析へと開かれていく道がすでに芽生えていたとも言えそうです．仔細に観察すると，ラグランジュに先立ってすでにオイラーがこの萌芽に着目していることがわかります．オイラーを継承したラグランジュにいたり，フェルマの数論の大きな部分は不定解析に変容し，フェルマが発見した諸問題の多くは不定方程式の解法手順として理解されるようになりました．

約数の総和をめぐって

フェルマが開いた数論的世界には不定解析の世界に移すことのできないものも存在します．それは個々の数に固有の諸性質に関する事柄で，フェルマは**数の約数の総和**に大きな関心を寄せています．ある数が a が与えられたとき，a 自身を除く a の約数のことを a のパルティ・アリコート（parties aliquotes）と呼んでいます．いくぶん不思議な語感を伴う言葉ですが，ここでは語原には立ち入らないことにします．

1636 年 9 月 22 日付でロベルヴァルに宛てて書かれたフェルマの手紙（第 13 書簡）には，672 と 120 という二つの数が現れます．まず 672 を

$$672 = 2^5 \times 3 \times 7$$

と素因数分解してすべての約数を書き並べると，672 自身も合せて，

$$1, \ 3, \ 7, \ 3 \times 7$$
$$2 \times 1, \ 2 \times 3, \ 2 \times 7, \ 2 \times 3 \times 7$$
$$2^2 \times 1, \ 2^2 \times 3, \ 2^2 \times 7, \ 2^2 \times 3 \times 7$$
$$2^3 \times 1, \ 2^3 \times 3, \ 2^3 \times 7, \ 2^3 \times 3 \times 7$$

$$2^4\times 1,\ 2^4\times 3,\ 2^4\times 7,\ 2^4\times 3\times 7$$
$$2^5\times 1,\ 2^5\times 3,\ 2^5\times 7,\ 2^5\times 3\times 7$$

となります．これらの総和を作ると，
$$(1+2+2^2+2^3+2^4+2^5)\times(1+3+7+3\times 7)$$
$$=63\times 32=2016$$

という数値が得られますが，上記の約数の一覧表には672自身も加わっています．そこで672を差し引くと，$2016-672=1344$ となります．これが672のパルティ・アリコート，すなわち自分自身以外のすべての約数の総和です．ところが $1344=2\times 672$ ですから，この和は672の2倍です．120についても同様で，自分自身を除いてすべての約数の総和を作ると240となり，120の2倍の数値が得られます．

これらの2例では数とそのパルティ・アリコートの総和が1：2というきれいな比を形作っています．フェルマはこのような性質を備えた数に深い関心を寄せました．

友愛数

第13書簡では220と284という二つの数に特別の注意が払われています．220を $220=2^2\times 5\times 11$ と素因数分解してすべての約数を書き並べると，

$$1,\ 5,\ 11,\ 5\times 11$$
$$2,\ 2\times 5,\ 2\times 11,\ 2\times 5\times 11$$
$$2^2,\ 2^2\times 5,\ 2^2\times 11,\ 2^2\times 5\times 11$$

となります．総和を作ると，
$$(1+2+2^2)\times(1+5+11+5\times 11)=7\times 72=504$$

となりますが，約数の中には220自身も含まれていますからこ

れを差し引くと，504−220 = 284. これが 220 のパルティ・アリコートの総和です．

今度は 282 のパルティ・アリコートの総和を求めてみます．$284 = 2^2 \times 71$ と素因数分解して，すべての約数を書くと，

$$1, \ 71$$
$$2, \ 2 \times 71$$
$$2^2, \ 2^2 \times 71$$

という一覧表ができます．総和は，

$$(1+2+2^2) \times (1+71) = 7 \times 72 = 504$$

となりますが，ここから 284 自身を差し引くと，504−284 = 220．こうして 220 のパルティ・アリコートの総和は 284 であり，逆に 284 のパルティ・アリコートの総和は 220 であることが確かめられました．メルセンヌは "Harmonie universelle"（アルモニ・ウニヴェルセル，『普遍的なハーモニー』，全 2 巻，1636-37 年）という著作において，このような数の組のことを des nombres amiables と呼んでいますが，対応する邦語として**友愛数**もしくは**親和数**という言葉が広く使われています．

T.L. ヒース『復刻版　ギリシア数学史』（訳：平田寛＋菊池＋大沼，共立出版，1998 年）によると，イアンブリコスは友愛数の発見をピタゴラスに帰しているということです．友愛数は友人を「第 2 の私（Alter ego）」とするピタゴラスの定義を実現しているからというのが，その理由です．

第 11 章
約数の総和を作る

メルセンヌの『普遍的なハーモニー』
(アルモニ・ウニヴェルセル) の緒言より

　ある数 a に対し，a 自身よりも小さな a の約数のことを a のパルティ・アリコートといい，パルティ・アリコートの総和が a に等しくなるという性質を備えている数 a を指して，完全数と呼ぶのでした．古典ギリシアの数学にすでに現れていた概念ですが，古典ギリシアではもうひとつ，友愛数という名で呼ばれる二つの数の組も注目されていました．友愛数に寄せる関心の根底にはピタゴラスに独自の倫理的もしくは宗教的な感受性が横たわっていたようで，そのような諸事情に思いをはせると，数学という不思議な学問が生れ出るもっとも根源的な泉を垣間見たような思いがします．

　フェルマの全集に収録されている書簡集のうち，第 4 書簡はフェルマからメルセンヌに宛てた一通で，1636 年 6 月 24 日という日付が記入されています．フェルマの全集では，この手紙のあとにメルセンヌの著作『普遍的なハーモニー』の緒言の一部分が続きます．この本の原書名は Harmonie universelle (アルモニ・ウニヴェルセル) で，1636 年に刊行されました．これを「第 1 部」として，翌 1637 年に「第 2 部」が刊行されて全 2 巻になりました．第 1 部の緒言にフェルマの名が登場し，トゥールーズの Conseiller au Parlement と紹介されています．ト

ゥールーズはフェルマの生地です．Conseiller（コンセイエ）は「顧問」「審議官」「理事」「参事官」などという意味の言葉．Parlement（パルルマン）はよく「高等法院」という訳語があてられますが，フランス革命以前のフランス（アンシアン・レジーム）における最高司法機関で，フランスの各地にありました．そこでフェルマはトゥールーズの高等法院の審議官という感じになりますが，当時のフランスの司法制度に不案内のため審議官というのはどのような地位なのか，これ以上のことはわかりません．

220 と 284 は友愛数であり，672 のパルティ・アリコートの総和は 672 の 2 倍です．120 もまた 672 と同様の性質を備えています．これに加えて，17296 と 18416 もまた友愛数であることをフェルマは知っていました．しかもフェルマは無数の友愛数を見つけることのできる確実な規則を知っていたと，メルセンヌは言い添えました．

フェルマの友愛数

メルセンヌの『普遍的なハーモニー』の第 2 部に「物理学と数学に関するいろいろな観察」という節があり，第 13 番目の観察は「120 のパルティ・アリコートおよび友愛数」と題されていて，友愛数を作り出すためにフェルマが考案した不思議な手順が紹介されています．該当個所がフェルマ全集に収録されていますので，その様子を一瞥してみたいと思います．

15 個の数が下記の図のように配列されています．

5,	11,	23,	47,
2,	4,	8,	16,
6,	12,	24,	48,
	71,	287,	1151,

第 11 章　約数の総和を作る

2行目の4個の数

$$2, \quad 4, \quad 8, \quad 16,$$

を見ると，初項2から始まって順次2倍され，2の2倍の4，4の2倍の8，8の2倍の16というふうに並んでいます．これらの数をそれぞれ3倍すると4個の数

$$6, \quad 12, \quad 24, \quad 48,$$

が得られます．これらが第3行に並んでいます．次に，それらの数からそれぞれ1を差し引くと，4個の数

$$5, \quad 11, \quad 22, \quad 47,$$

が生じます．これらを並べたのが第1行です．

第4行に3個の数

$$71, \quad 287, \quad 1151,$$

が並んでいますが，これらはどのように作るのかというと，まず第3行のはじめの2個の数6と12に目を留めます．乗じると $6 \times 12 = 72$．ここから1を差し引いて71が得られます．次に，同じく第3行の2番目の数12と3番目の数24を乗じて $12 \times 24 = 288$．ここから1を差し引くと287となります．最後に，やはり第3行の3番目の数24と4番目の数48を乗じて $24 \times 48 = 1152$．ここから1を差し引いて1151．これで第4行の3個の数が作り出されました．

表の作り方はこれでわかりましたが，この表には友愛数が埋め込まれています．まず第4行の冒頭の数71を見ると，これは素数です．第1行に目を転じ，71の真上に配置されている数11を見ると，これも素数です．第1行において11の手前の数は5ですが，またしても素数です．これで3個の素数

$$71, \quad 11, \quad 5,$$

が取り出されました．そこで 71 を 4 倍すると，$71 \times 4 = 284$．次に，11 と 5 をそれぞれ 4 倍すると $11 \times 4 = 44, 5 \times 4 = 20$．加えると $44 + 20 = 64$．これを先ほどの数 284 から差し引くと $284 - 64 = 220$．このようにして得られた二つの数 284, 220 は既知の友愛数を構成しています．途中で「4 倍する」という計算を 3 度にわたって実行しましたが，4 倍の「4」という数は表の第 2 行の 2 番目の数で，71 の上，11 の真下に位置しています．

　この手順を繰り返すのですが，表の第 4 行の 2 番目の数 287 は約数 7 をもち，素数ではありません．そこでこの数は通りすぎて次の数 1151 に移ると，今度は素数に出会います．第 1 行の数のうち，この数 1151 の真上に位置するのは 47 で，素数です．その手前の数 23 もまた素数です．これで 3 個の素数

$$1151, \quad 47, \quad 23$$

がそろいましたので，前と同じ計算を遂行します．

　第 2 行に並ぶ 4 個の数のうち，1151 の上，47 の真下には数 16 があります．この数を使って，1151 の 16 倍を作ると，

$$1151 \times 16 = 18416.$$

47 と 23 をそれぞれ 16 倍すると，

$$47 \times 16 = 752, \quad 23 \times 16 = 368.$$

これらを加えると

$$752 + 368 = 1120.$$

これを先ほどの数 18416 から差し引くと

$$18416 - 1120 = 17296$$

となります．これで友愛数を作る二つの数 17296, 18416 が手に

入りました．

こうして得られた新たな友愛数はフェルマ以前にも知られていたようですが，フェルマはフェルマで独自に発見したのでした．しかも上記の表はどこまでも延長されますし，そのようにして拡大された表の中に3個の素数が見つかったなら，そのつど友愛数が作り出されます．このような状況を指して，フェルマは無数の友愛数を見つける規則を発見したというのがメルセンヌの指摘です．それはそのとおりですが，第4行に並んでいく数はたちまち巨大になりますし，非常に大きな数がはたして素数であるか否かを判定する作業が課されます．これはこれできわめて困難な課題です．

17296 と 18416 が友愛数であること

フェルマが発見した二つの数 17296 と 18416 が実際に友愛数を構成していることを確めてみます．素因数分解を遂行すると，

$$17296 = 2^4 \times 23 \times 47$$
$$18416 = 2^4 \times 1151$$

という表示が得られます．17296 の約数をすべて書き並べると，

$1,$	$23,$	$47,$	23×47
$2,$	$2 \times 23,$	$2 \times 47,$	$2 \times 23 \times 47$
$2^2,$	$2^2 \times 23,$	$2^2 \times 47,$	$2^2 \times 23 \times 47$
$2^3,$	$2^3 \times 23,$	$2^3 \times 47,$	$2^3 \times 23 \times 47$
$2^4,$	$2^4 \times 23,$	$2^4 \times 47,$	$2^4 \times 23 \times 47$

というふうになり，これらの総和は，

$$(1+2+2^2+2^3+2^4) \times (1+23+47+23 \times 47)$$
$$= 31 \times 1152 = 35712$$

です．ここから17296を差し引くと，17296のパルティ・アリコートの総和が得られます．その数値は

$$35712 - 17216 = 18416$$

です．

同様に，18416を素因数分解して$18416 = 2^4 \times 1151$と表示し，約数の総和を計算すると，

$$(1+2+2^2+2^3+2^4) \times (1+1151) = 31 \times 1152 = 35712$$

という数値が得られます．ここから18416自身を差し引くとパルティ・アリコートの総和は$35712 - 18416 = 17296$となることが確認されます．これで17296と18416は友愛数を作っていることが明らかになりました．

イギリスの数学者たちへの第1挑戦状より

フェルマはイギリスの数学者たちに対して2度にわたって数学の問題を送付したことがあります．フェルマの挑戦状として語られていて，フェルマの全集にも「フェルマの挑戦」という表題を附せられて2通の手紙が収録されています．第2の挑戦状の内容は「ペルの問題」で，これについては前に言及したことがあります（第9章，139頁参照）．第1の挑戦状の日付は1657年1月3日で，数の約数の総和に寄せるフェルマの関心が現れています．

提示された問題は二つです．第1の問題は，そのパルティ・アリコートの総和を自分自身に加えると平方数になるような3乗数を見つけることという問題です．ある数のパルティ・アリコートというのは「自分自身を除く約数」のことで，それをその数に加えるというのですから，この問題では自分自身を含め

てすべての約数の総和が考えられていることになります．フェルマは一例として 3 乗数 $343 = 7^3$ を挙げました．343 の約数は $1, 7, 7^2 = 49, 7^3 = 343$ ですから，総和は $1+7+49+343 = 400$ となりますが，これは 20 の平方です．したがって 343 は第 1 の問題に対するひとつの解を与えています．

第 2 の問題では平方数と 3 乗数の占める位置が入れ代って，約数の総和が 3 乗数になるような平方数を見つけることが問われました．具体的な解答例は書かれていません．

イギリスの数学者というとブラウンカーやウォリスが念頭に浮かびますが，フェルマはウォリスの著作『無限のアリトメチカ』を読んでいて，書簡集を見るとウォリスには一目置いていた様子がうかがわれます．

ペルの問題をめぐって

イギリスの数学者たちに送付されたフェルマの第 2 の挑戦状（フェルマ全集の第 101 書簡）では「ペルの問題」が提出されたこと，この問題に完全な解答を与えた最初の人はラグランジュであることは既述のとおりです（第 9 章，139 頁参照）．ラグランジュの解答は

「アリトメチカの一問題の解決」（トリノの学術誌「トリノ論文集」第 4 巻，1766-1769 年）

という論文に叙述されました．長い序文を読み進めると，フェルマの数論的世界から不定方程式論が生れ出ようとする契機がありありと感知されますので，ここに該当個所を再現してみたいと思います．

ラグランジュは「私がこの論文において解決を企図している問題は次のようなものである」と説き起し，フェルマが提示した問題を書きました．それは，

> 任意の非平方数が与えられたとき，ある平方数を見つけて，それらの二つの数の積に1を加えた数が平方数になるようにせよ．

という問題で，前に紹介したとおりです．ラグランジュの言葉を続けます．

> 　この問題はフェルマ氏がイギリスの全幾何学者（註．「幾何学者」は「数学者」と同じ）に対して一種の挑戦のつもりで提出した問題のひとつである．ウォリス氏は，私が知る限り，この問題を解決した，あるいは少なくとも解答を公表した唯一の人物であった．だが，この学識豊かな幾何学者の方法は手探りの一種にすぎず，この方法ではかなり不確実にしか目的地に達しえないし，はたして到達できるかどうかさえもわからない．これに加えて，何よりも，与えられた数が何であっても，この問題を解くのはいつでも可能であることを証明しなければならないのである．
> 　これは普通は真とみなされている命題だが，私の知る限り，いまだに堅固でしかも厳密な仕方で確立されたことはなかった．

　フェルマの問題において要請されているのは二つの数（ひとつは非平方数，もうひとつは平方数）の探索ですが，あれこれと工夫して手探りで見つけようとするのでは不十分で，何よりも先に「解の存在証明」を確立しなければならないというのがラグランジュの所見です．もしかしたら存在しないこともあり

うるのですし，存在しない場合には探索そのものが無意味になってしまうのですから，的を射た指摘です．

この所見は代数方程式の解法の探索の場にもそのままあてはまります．5次の代数方程式の解法を求めてやみくもに式変形を繰り返すのではなく，求める解法は代数的解法であることを認識し，そのうえで代数的可解性の可能性の確認を先行させなければならないところです．この課題の場合には19世紀になってアーベルの「不可能の証明」により決着がつきましたが，そこのところに根本的な問題が横たわっていることを指摘したのはラグランジュでした．そのラグランジュはフェルマの問題についても「解の存在証明」を先行させるべきであることを強調し，証明を試みたのでした．

このような発言にはラグランジュの慧眼が光っていますが，問題を提出したのはあくまでもフェルマであることは忘れられません．

第6書簡より

フェルマの書簡集から数を語る言葉を拾う作業を続けます．第6書簡はフェルマからメルセンヌへの手紙で，日付は1636年7月15日．二つの平方数9と16の和25はやはり平方数になりますが，この二つの平方数9, 16の各々に3個の平方数で作られる数，言い換えると3個の平方数の和として表示される数，たとえば $11 = 1+1+9$ を乗じると，$9 \times 11 = 99$ と $16 \times 11 = 176$ が生じます．これらの二つの数はいずれも，3個の平方数の和の形に表されます．実際，

$$99 = 49+49+1 = 49+25+25 = 9+9+81$$

（3通りの仕方で表示されます．）

$$176 = 144 + 16 + 16$$

となります（下の表参照）．そればかりではなく，それらの和 $99 + 176 = 275$ もまた3個の平方数の和の形に表示されます．実際，等式

$$275 = 1 + 49 + 225$$

が成立します．ラグランジュが証明した「4平方数定理」によれば，どのような数も高々4個の平方数の和の形に表されますが，きっかり3個の数の和の形になるというところにフェルマの主張の意味が現れています．

今度は4個の平方数の和の形に表される数，たとえば7 ($= 1+1+1+4$) を取り上げてみます．二つの平方数9と16の各々に7を乗じると，二つの数 $9 \times 7 = 63$, $16 \times 7 = 112$ が生じ，いずれも4個の平方数の形に表されます．実際，

$$63 = 1 + 4 + 9 + 49$$
$$112 = 4 + 4 + 4 + 100$$

となります．また，63と112の和 $63 + 112 = 175$ もまた4個の平方数の和になります．実際，等式

$$175 = 1 + 1 + 4 + 169$$

が成立します．

					1
1	49	49	9	144	1
1	49	25	9	16	1
9	1	25	81	16	4
−	−	−	−	−	−
11	99	99	99	176	7

フェルマは具体的な数値例を出して説明していますが，念頭にあるのはもとより一般的な命題です．また，ここまでは和が

平方数になる二つの平方数を対象にして話を進めてきましたが，平方数の個数を増やして，「和が平方数になる3個の平方数」，あるいはまた「和が平方数になる4個の平方数」，…を取り上げても同様の言明が可能であると言い添えられています．

第44書簡より

1640年10月18日付の第44書簡はフェルマからフレニクルに宛てた一通で，「フェルマの小定理」がここで語られますので，前に言及したことがあります（第7章，107頁参照）．フェルマの関心は「フェルマの小定理」に限定されていたわけではなく，もうひとつの関連する話題に歩を進めています．

pは奇素数，aはpで割り切れない数として，aの冪を書き並べて2重数列

$$1, \quad 2, \quad 3, \quad 4, \quad \cdots$$
$$a, \quad a^2, \quad a^3, \quad a^4, \quad \cdots$$

を作ります．上段の数列には冪指数が並んでいます．このとき，aの冪のうち，冪指数$p-1$であるものはpで割ると1が余ること，言い換えると$a^{p-1}-1$はpで割り切れることを主張するのが「フェルマの小定理」でした．$p-1$よりも小さい冪指数nに対しても，a^n-1がpで割り切れることは起りますが，そのようなnは$p-1$の約数であることもフェルマの小定理の一部分を作っています．

この点をおさえたうえで，フェルマはaの冪に1を加えた数，すなわちa^n+1という形の数がpで割り切れるか否かという現象の観察に目を転じました．これはフェルマの小定理とも関連があります．**実際，aの冪のうち，pで割ると1が余るものの**

冪指数の中で，もっとも小さいものが奇数である場合には，a の冪に 1 を加えた数はどれも決して p で割り切れません．

フェルマはこのように主張して，$p=23$，$a=3$ として例を挙げました．ある冪指数 n に対して 3^n-1 が 23 で割り切れるのであれば，フェルマの小定理により n は 22 の約数，すなわち 2 もしくは 11 もしくは 22 のいずれかであるほかはありませんが，2 はあてはまりません．$n=11$ については，

$$3^{11}-1 = 23 \times 7702$$

となり，$3^{11}-1$ は 23 で割り切れることがわかります．そうして 11 は奇数ですから，フェルマの主張によれば，3 の冪に 1 を加えた数はどれも 23 で割り切れないことになります．これは実際に計算すると確かめられます．

次に，a の冪のうち，p で割ると 1 が余るものの冪指数の中で，もっとも小さいものが偶数の場合を考えてみます．そのような偶指数を $2n$ とすると，a^{2n} の冪から 1 を差し引いた数 $a^{2n}-1=(a^n-1)(a^n+1)$ は素数 p で割り切れますが，冪指数 $2n$ に課された「最小」という仮定により a^n-1 が p で割り切れることはありません．それゆえ，a^n+1 は p で割り切れます．

一般的に考えて，数列 $a, a^2, a^3, a^4, \cdots$ の各々に 1 を加えて新たに数列

$$a+1,\ a^2+1,\ a^3+1,\ \cdots$$

を作るとき，この数列に所属するすべての数を割り切ることのないような素数 p を見つけるという問題が，ここに提示されます．

第44書簡より（続）

　第44書簡に書き留められているフェルマの発見をもうひとつ紹介したいと思います．フェルマが挙げている具体例を観察すると，フェルマは数121を取り上げて，これを11で割りました．$121 = 11 \times 11$．次に，11より小さい数7をとり，121を7で割りました．$121 = 7 \times 17 + 2$．商は17で，2が余ります．11と7の差を作ると4が得られます．$11 - 7 = 4$．これを2回目の割り算の商17に乗じると，$17 \times 4 = 68$．ここから，2回目の割り算の剰余2を差し引くと，$68 - 2 = 66$ となりますが，66は最初の割り算の際の11で割り切れます．

　この例ではまず11で割り，次に11より小さい数7で割りましたが，11より大きい数で割るとどうなるでしょうか．数値を変えて，フェルマは今度は数117を取り上げて，これを3で割りました．$117 = 3 \times 39$．次に，3より大きい数4に目を留めて，117を4で割ります．$117 = 4 \times 29 + 1$．商は29で，1が余ります．4と3の差を作ると1が得られます．$4 - 3 = 1$．これを2回目の割り算の商29に乗じると，$29 \times 1 = 29$．これに2回目の割り算の剰余1を加えると $29 + 1 = 30$ となりますが，これは最初の割り算の際の3で割り切れます．これがフェルマの発見です．

　どちらの例も一見して煩雑な印象がありますが，記号を用いて一般的に表記すると状況は簡明になります．数 a を割り切る数 b をとり，$a = qb$ と表示します．b よりも小さい数 b_1 で a を割り，$a = q_1 b_1 + r$ と表示して，b と b_1 の差 $b - b_1$ に2回目の割り算の商 q_1 を乗じて $q_1(b - b_1)$ を作ります．この積に2回目の割り算の剰余 r を差し引いてできる数 $q_1(b - b_1) - r$ は，最初の割り算の際に使用した数 b で割り切れるというのがフェル

171

マの発見です．

　これを確認するのは容易です．実際，
$$a = qb = q_1 b_1 + r$$
より $q_1 b_1 = qb - r$．それゆえ，
$$q_1(b - b_1) - r = q_1 b - q_1 b_1 - r = q_1 b - (bq - r) - r = (q_1 - q)b$$
と計算が進み，数 $q_1(b - b_1) - r$ は b で割り切れることがわかります．

　b_1 が b より大きい場合も同様で，
$$q_1(b_1 - b) + r = q_1 b_1 - q_1 b + r = (qb - r) - q_1 b + r = (q - q_1)b$$
と計算が進み，$q_1(b_1 - b) + r$ は b で割り切れることが示されます．

　こんなふうにフェルマの発見は代数の力によりやすやすと確かめられましたが，代数には確認する力はあっても発見する力はありません．証明の困難な真理も容易に諒解される真理も発見の値打ちは同じです．フェルマに固有の「発見する力」を率直に称賛したいと思います．

第 12 章
不定方程式論への道

フェルマの数論の継承

　フェルマの全集に手掛かりを求めて数論の諸相の概観を続けてきましたが，フェルマが発見した事柄のあれこれは数学史の流れの中でどのような成り行きをたどったのでしょうか．フェルマは友人に宛てて手紙を書いて発見を告げるのみに終始して，証明を書きませんでした．もう少し正確に言うと，証明をもっているとあちこちで明言し，ほんのときたま証明のスケッチを試みているばかりです．証明がなされなければフェルマの発見は数学以前の段階に留まりますから，どれほど豊富な発見が語られたとしてもそれだけではまだ「数の理論」の泉が形成されたとは言えず，フェルマの発見を証明する人物の出現を待たなければなりませんでした．その人物こそ，オイラーです．時代はすでに 18 世紀に入っています．

　オイラーはフェルマの発見に目を留めて，いくつかの証明に成功しました．西欧近代の数論はフェルマとオイラーの共同作業の産物ですが，ここにもうひとり，ラグランジュの名を挙げておきたいと思います．オイラーの数論はフェルマの発見を証明する試みから出発し，独自の方向に繰り広げられていきました．ラグランジュはこれを継承し，ときにはオイラーの及ばなかった地点まで歩を進めました．フェルマの発見がオイラーと

ラグランジュの手に渡されて，数論の大河が形成されたのでした．

直角をはさむ 2 辺の和と斜辺がともに平方数になる直角三角形（続）

「直角をはさむ 2 辺の和と斜辺がともに平方数になる直角三角形」のことは前に紹介したことがありますが（第 10 章，151 頁），フェルマは 1643 年 8 月にメルセンヌに宛てた第 59 書簡においてこの直角三角形の一例を書き留めました．「欄外ノート」の第 44 項目にも同じ問題が出ていて，フェルマはこれをきわめてむずかしい問題と言っています．この問題に応じてフェルマ自身が提出した直角三角形は，

(1061652293520, 4565486027761, 4687298610289)

です．各辺の長さが 13 桁という巨大な直角三角形ですが，それでもフェルマはこれを一番小さいものと明言しています．

フェルマの問題提起を受けて，ラグランジュは

「ディオファントス解析の二,三の問題について」（ベルリン王立科学文芸アカデミー新紀要（1777 年），1779 年刊行）

という論文を書き，この問題を論じました．フェルマのいう直角三角形の直角をはさむ 2 辺を p, q とするとき，p と q の和が平方数というのですから，それを y^2 で表すと，等式 $p+q=y^2$ が得られます．また，斜辺も平方数ですから，それを x^2 で表すと，ピタゴラスの定理により等式 $p^2+q^2=x^4$ が成立します．これで，連立不定方程式

$$p+q=y^2$$
$$p^2+q^2=x^4$$
が出現します．

この連立不定方程式の解を求めることをめざして，もう少し変形を続けます．後者の方程式を 2 倍して，そこから前者の方程式の平方を差し引くと，
$$2x^4-y^4 = 2(p^2+q^2)-(p+q)^2$$
$$= p^2-2pq+q^2 = (p-q)^2.$$
そこで $p-q=z$ と置くと，不定方程式
$$2x^4-y^4=z^2$$
が得られます．x,y,z と p,q は等式
$$p=\frac{y^2+z}{2}, \quad q=\frac{y^2-z}{2}$$
により結ばれています．

不定方程式 $2x^4-y^4=z^2$ の解 x,y,z が求められたなら，それらを用いて p,q が見つかりますが，このようにして得られる p,q はつねに整数です．実際，$y^4+z^2=2x^4$ であり，これは偶数ですから，y と z は「ともに奇数」であるか，あるいは「ともに偶数」であるかのいずれかであり，いずれにしても y^2+z と y^2-z は偶数です．それゆえ，p,q は整数です．

不定方程式 $2x^4-y^4=z^2$ の正の整数解

式変形を繰り返すことにより，フェルマが提示した問題は不定方程式 $2x^4-y^4=z^2$ の解法に帰着されました．ラグランジュは次のような三つの解を挙げています．

1. $x=1$, $y=1$, $z=1$
2. $x=13$, $y=1$, $z=239$
3. $x=2165017$, $y=2372159$, $z=3503833734241$

これらの各々に対応して，次のような p, q の値が求まります．

1. $p=1$, $q=0$
2. $p=120$, $q=-119$
3. $p=4565486027761$, $q=1061652293520$

　不定方程式 $2x^4-y^4=z^2$ の三つの解のうち，第 1 の解はひと目で見つかります．第 2 の解を見つけるのはそれほど容易ではありませんが，試みに $y=1$ とおけば見つかるかもしれません．第 3 の解は見ただけで見つけるのは不可能ですが，対応する p, q の値はフェルマが報告しているものですから，そこから逆にたどれば第 3 の x, y の数値が見つかります．

　探索したいのは直角三角形ですから p, q の値はともに正でなければなりません．そこでこれを要請すると，第 1, 第 2 の数値は捨てられて三番目の数値，すなわちフェルマが書き留めた数値だけが残ります．フェルマはそれが最小の解であると明言し，証明のスケッチさえ書いていますが，その数値はあまりにも大きすぎるというのがラグランジュの所見です．これが最小解であるとフェルマが言っているからひとまずそうなのかもしれないとは思うものの，実証的な根拠があるわけではありませんし，フェルマの言葉がなければ，もっと小さな解が存在するのではないかと思うのは自然なことだというのですが，もっと

第 12 章　不定方程式論への道

もな感想です．そこでラグランジュは正の最小解を見つける問題は未解決と判断し，独自の解法を押し進めました．

p, q の正の最小値

　ラグランジュの論証の詳しい紹介は省くことにして，ラグランジュが見つけた不定方程式 $2x^4 - y^4 = z^2$ の解を小さい順に挙げると，
$x = 1, 13, 1525, 2165017, \cdots$
$y = 1, 1, 1343, 2372159, \cdots$
$z = 1, 239, 2750257, 3503833734241,$
というふうになり，これらに対応する p, q の値は
$p = 1, 120, 2276953, 4565486027761, \cdots$
$q = 0, -119, -473304, 1061652293520, \cdots$
となります．正の最小値は $p = 4565486027761,$
$q = 1061652293520$ で，フェルマが指定した数値と一致します．ラグランジュはこうしてフェルマの言明を確めました．

「欄外ノート」第 44 項に見られるもうひとつの問題

　「欄外ノート」の第 44 項目にはもうひとつの問題が提示されています．それは，

> 直角をはさむ 2 辺の差の平方から，それらの 2 辺のうちの小さいほうの辺の平方の 2 倍を差し引くと平方数になる直角三角形

177

を求めるという問題で，フェルマは

$$(156, 1517, 1525)$$

という例を挙げました．等式

$$156^2 + 1517^2 = 1525^2 \quad (= 2325625)$$

が成立していますから，三つの数 156, 1517, 1525 は直角三角形を作ることがわかります．また，等式

$$(1517-156)^2 - 2 \times 156^2 = 1852321 - 48672$$
$$= 1803649 = 1343^2$$

により，この直角三角形は提示された問題の解答例になっていることがわかります．

　求める直角三角形の直角をはさむ2辺を p, q $(p > q)$ とすると，それらは

$$p^2 + q^2 = x^2$$
$$(p-q)^2 - 2q^2 = y^2$$

という形の連立方程式を満たします．$p - q = z$ と置くと，$p^2 + q^2 = x^2$, $z^2 - 2q^2 = y^2$．ここから p, q を消去すると，いくぶん複雑な形の不定方程式

$$x^4 + y^4 + 2z^4 + 2x^2y^2 - 2y^2z^2 - 4x^2z^2 = 0$$

が得られます．この方程式を満たす x, y, z を用いて，p, q の数値が等式

$$q^2 = \frac{1}{2}(z^2 - y^2), \quad p^2 = x^2 - \frac{1}{2}(z^2 - y^2)$$

により求められます．

不定方程式論への道

　フェルマは直角三角形の探索に情熱があり，実にさまざまなタイプの直角三角形を見つけたことは既述のとおりです．それらの直角三角形を書き並べると次のようになります．

- 三つの直角三角形で，それらの面積がある直角三角形の3辺になっているもの

- 直角をはさむ2辺の和の平方を面積に加えると平方数になる直角三角形

- 直角をはさむ2辺の和と斜辺がともに平方数になる直角三角形

- 直角をはさむ2辺の差の平方から，それらの2辺のうちの小さいほうの辺の平方の2倍を差し引くと平方数になる直角三角形

- 直角をはさむ2辺の差が1となる直角三角形

- 直角をはさむ2辺の差が7となる直角三角形

- 一番小さい辺と他の2辺との差が平方数になる直角三角形

- 隣り合う2辺の間に項差の相関性が認められる直角三角形

- 与えられた面積比をもつ直角三角形

これらのうち，「三つの直角三角形で，それらの面積がある直角三角形の3辺になっているもの」，「直角をはさむ2辺の和の平方を面積に加えると平方数になる直角三角形」，「直角をはさ

む2辺の和と斜辺がともに平方数になる直角三角形」，それに「直角をはさむ2辺の差の平方から，それらの2辺のうちの小さいほうの辺の平方の2倍を差し引くと平方数になる直角三角形」の探索は不定方程式の解法に帰着されますが，他の直角三角形は不定方程式にはなじみません．これらに加えて，フェルマは

面積が平方数となる直角三角形

を考察しました．「探索した」と書かないで「考察した」と書いたのはなぜかというと，このような直角三角形は存在しないからで，フェルマはそれを証明しようとして「無限降下法」という独自の手法を考案したのでした．

　フェルマの数論を継承したオイラーやラグランジュはどうしたかというと，不定方程式論の視点に立脚して観察しようとする傾向が顕著です．フェルマの発見のすべてが不定方程式論と親和性があるわけではありませんが，いくつかのなじみやすい命題は，不定方程式論という新たな展開をもたらす具体的な契機となりました．このような状況は直角三角形とは関係のない発見についてもあてはまります．たとえば「ペルの問題」は直角三角形とは無関係ですが，不定方程式の立場からの観察を許容して，2次の不定方程式論のための拠点になりました．

　これに対し，不定方程式論となじみにくい直角三角形の探索は，オイラーとラグランジュには継承されませんでした．オイラーやラグランジュのような創意に富む継承者には，継承の仕方そのものに独創が見られます．フェルマの遺産のすべてが継承されたわけではなく，継承者たちの関心を誘わずに放置されたものも多いことに，ここでくれぐれも留意しておきたいと思います．

第12章 不定方程式論への道

素数の形状理論の展開

フェルマが発見した数論の真理のあれこれは,はじめオイラーにより,続いてラグランジュの手でさまざまに変容を重ねていきました.観察していくと果てしがありませんが,もっともめざましい印象をもたらすのは素数の線型的形状と平方的形状に関するあれこれの命題で,直角三角形の基本定理が契機になりました.それらの総称として,**素数の形状理論**という呼称がよく似合います.

素数の形状理論の場においてフェルマが発見した命題を紹介します.

$8n+1$ 型および $8n-1$ 型の素数は y^2-2z^2 という形に表される.

フェルマの全集に収録されている第49書簡(1641年8月2日付)と第50書簡(同年9月6日付)はフェルマの手紙ではなく,フェルマに宛てて書かれたフレニクルの書簡ですが,これらの手紙を通じてフェルマ自身もまた上記の事実に気づいていた様子がうかがわれます.いくつかの例を挙げると,17と41は $8n+1$ 型,言い換えると「8で割ると1が余る素数」ですが,これらは

$$17 = 5^2 - 2 \times 2^2, \ 41 = 7^2 - 2 \times 2^2$$

と表示されます.また,23と31は $8n-1$ 型の素数ですが,$8n+7$ 型と言っても同じことで,これを言い換えると「8で割ると7が余る素数」です.これらは

$$23 = 5^2 - 2 \times 1^2, \ 31 = 7^2 - 2 \times 3^2$$

と表されます.

$3n+1$ 型の素数（必然的に $6n+1$ 型）はどれも y^2+3z^2
　　　という形に表される．

　この命題はフェルマからパスカルに宛てた第74書簡（1654年9月25日付）に見られます．フェルマからディグビィに宛てた第96書簡（1658年6（？）月）にも記されています．日付に疑問符が附されていますが，この手紙は1658年6月18日付でディグビィからウォレスのもとに送付されましたので，そこから推して「6月」とされました．この命題はオイラーが証明しました(第74書簡と第96書簡については124–125頁参照)．

　　　$8n+1$ 型もしくは $8n+3$ 型の素数はどれも y^2+2z^2 という形に表される．

　この命題もパスカルに宛てた第74書簡とディグビィに宛てた第96書簡に記されています．

　　　$20n+3$ もしくは $20n+7$ という形の二つの数の積は y^2+5z^2 という形に表される．

　この命題はディグビィ宛ての第96書簡に記されています．

素数の形状理論の泉
『バシェのディオファントス』より

　素数の形状理論のはじまりは「直角三角形の基本定理」です．フェルマはこの命題をよほど重く見たようで，

第12章 不定方程式論への道

　　　メルセンヌ宛の第 44 書簡（1640 年 12 月 25 日）
　　　フレニクル宛の第 48 書簡（1641 年 6 月 15 日）
　　　パスカル宛の第 74 書簡（1654 年 9 月 25 日）
　　　ディグビィ宛の第 96 書簡（1658 年 6 (?) 月）
　　　カルカヴィ宛の第 99 書簡（1659 年 8 月）

と，いろいろな書簡で語っています．これらのうちで一番古いのは 1640 年 12 月 25 日付の第 44 書簡ですが，これに先立つ記録もあります．実際，「欄外ノート」の第 7 番目のノートは，

　　　4 の倍数を 1 だけこえる素数はただ一度だけ直角三角形の斜辺となる．

という言葉とともに始まっています．この記事はバシェによる註釈に対してなされました．そのバシェの註釈の対象はディオファントスの『アリトメチカ』の第 3 巻の問題 22 です．そこでその問題 22 を見ると，中ほどに，数 65 は二つの平方数の和の形に表されるという記述が見出だされます．その表示の仕方はひととおりではなく，

$$65 = 16+49, \quad 65 = 64+1$$

というふうに二通りの表示を許容します．どうしてそのようになるのかというと，65 が $65 = 5 \times 13$ と素因数に分解され，しかも二つの素因数 5, 13 の各々は

$$5 = 1+4, \quad 13 = 4+9$$

というふうにただひととおりの仕方で二つの平方数の和の形に表されるからです．

Arithmeticorum Liber III.

IN QVAESTIONEM XXI.

EADEM aut similia dici possunt de hac quæstione, quæ de superiore dicta sunt. vide quàm sit conformis vigesimæ octauæ secundi, & quomodo vtrobique eodem vtens lemmate Diophantus, eodem modo suas instituat positiones. Modus vtendi duplicata æqualitate idem est, quo vsus est in præcedente, & easdem ob causas ad conficiendum interuallum 4 N. sumpsit 4 N. & 1.

QVAESTIO XXII.

INVENIRE quatuor numeros vt compositi ex omnibus quadratus, singulorum tam adiectione quàm detractione faciat quadratum. Quoniam in quolibet triangulo rectangulo quadratus hypotenusæ siue auctus, siue multatus duplo eius quod fit è multiplicatione laterum circa rectum, facit quadratum. Quæro primum quatuor triangula rectangula æquales habentia hypotenusas. Hoc ipsum verò est, quadratum aliquem diuidere quater in duos quadratos. Atqui didicimus datum quadratum diuidere in duos quadratos infinitis modis. Nunc ergo exponamus duo triangula rectangula in minimis numeris, quales sunt 3. 4. 5. & 5. 12. 13. & multiplicetur vnumquodque ipsorum per hypotenusam alterius, & erit primum triangulum 39. 52. 65. secundum 25. 60. 65. & sunt rectangula æquales habentia hypotenusas. Adhuc autem suapte natura numerus 65. diuiditur bis in duos quadratos, nempe in 16. & 49. Et rursus in 64. & 1. quod ei contingit quia fit ex multiplicatione mutua 5. & 13. quorum vterque in duos diui-

ΕΥΡΕΙΝ τέοσαρας ἀριθμοὺς ὅπως ὁ ἀπὸ τῆς συγκειμ. ἐξ ἐκ
τῶ πασιῶν τετράγων©, ἐάν τε
προσλάβη ἕκαστον, ἐάν τε λήψη
[ποιῆ] τετράγων©. ἐπεὶ παντὸς ὀρ-
θογωνίου τειγώνου, ὁ δία τῆς ὑπο-
τεινούσης τετράγωνος, ἐάν τε προσ-
λάβη τ' δὶς ὑπὸ τῶν περὶ τίω ὀρ-
θίω, ἐάν τε λήψη ποιεῖ τετράγω-
νον. ζητῶ πρῶτον τέοσαρα τεί-
γωνα ὀρθογώνια ἴσας ἔχοντα τὰς ὑ-
ποτεινούσας. τὸ δ᾽ αὐτό ἐστι τετρά-
γωνόν τινα διελεῖν [τετράκις] εἰς δύο
τετραγώνους. ἐμάθομεν δὲ δοθέν-
τα τετράγωνον διελεῖν εἰς β̄ τετρα-
γώνους ἀπειραχῶς. νῦν οὖν ἐκθώ-
μεθα δύο τείγωνα ὀρθογώνια ὑπὸ
ἐλαχίστων ἀριθμῶν οἷ© γ̄. δ̄. ε̄.
ε̄. ιβ̄. ιγ̄. καὶ πολλαπλασιάσων ἕ-
καστον τῶν ἐκκειμένων ἐπὶ τὴν ὑ-
ποτείνουσαν τῆς ἑτέρου, καὶ ἔςαι τὸ
μὲν πρῶτον τείγων© λθ̄. νβ̄.
ξε̄. τὸ δ᾽ αὐτ© κε. ξ̄. ξε̄. καὶ ἔ-
σιν ὀρθογώνια ἴσας ἔχον[α τὰς ὑ-
ποτεινούσας. ἔτι δὲ φυσικῶς ὁ ξε̄.
διαιρεῖται εἰς δύο τετραγώνους δι-
χῶς εἴς τε ι© ιε̄. καὶ ι© μθ̄.
ἀλλὰ μὴν ἐν τ© ξδ. ὲ τίω μονάδα. τοῦτο δὲ συμβαίνει ἐπεὶ ὁ ξε̄
ἀριθμὸς μετρεῖται ὑπὸ ε̄ ιγ̄ κỳ τῇ ε̄. ὧν ἕκαστος διαιρεῖται εἰς δύο

『バシェのディオファントス』第3巻, 問題 22.
左段ラテン語訳の下から6行目に「65」,
その2行下に「16 と 49」「64 と 1」という言葉が見える.

等式
$$(a^2+b^2)(c^2+d^2)=(ac+bd)^2+(ad-bc)^2$$
$$=(ac-bd)^2+(ad+bc)^2$$
において，$a=1, b=2, c=2, d=3$ と定めると，
$$ac+bd=8, \ ad-bc=-1,$$
$$ac-bd=-4, \ ad+bc=7$$
という数値が定まりますから，ディオファントスの言葉は容易に確められますが，ディオファントスの関心事はどこまでも直角三角形であり，代数の計算が主役なのではないことに，ここであらためて留意しておきたいと思います．

　数 65 の二つの平方数への分解の根底には 13 と 5 の同様の分解が横たわっています．そこでなお一歩を進めて，13 と 5 が二つの平方数に分解されるのはなぜかと問うと新たな問題が生じます．この問いに対し，それらが「4 で割ると 1 が余る数」であるからと応じたのが直角三角形の基本定理です．ディオファントスの『アリトメチカ』に見られる本当にわずかな記述がバシェの註釈を誘い，フェルマによる直角三角形の基本定理の発見につながりました．この発見を泉として，フェルマの発見はオイラーとラグランジュの手で素数の形状理論という大きな理論へと生い立っていきました．

　素数の形状理論それ自体は純粋に数の理論であり，もう幾何学的との関連は認められませんが，泉に立ち返ると，そこは平方数と直角三角形に寄せて深い関心を寄せ続けるディオファントスと，ディオファントスに共鳴するフェルマの心情にすっかり覆われています．数学の理論形成を誘うのはひとりひとりの人の強固な心情であることが，ここでもまたありありと感知されます．

これまでとこれから

　フェルマの全集に手掛かりを求めてフェルマの数学の全容の概観を推し進めてきましたが，全体として強い印象を受けたのは，デカルトとはまったく異なる曲線論の姿形と，ディオファントスを継承しながらもなお越えていこうとする強靭な意志の力でした．このあたりの消息は語れども尽きない神秘的な味わいに満ちていて，「数学はどのような学問であるか」「数学はいかにして生れるか」という問いを考えていくうえで大きなヒントを与えています．

　見るべきものはひととおり見たように思いますが，語ろうとして語り切れなかったこともたくさんあります．心残りのひとつは，曲線論で「デカルトの葉」の接線法を紹介できなかったことです．それと，図形の重心を決定する諸問題などにも触れる余地がありませんでした．数論の方面では書簡集に重点を置いてフェルマの発見の蒐集につとめましたが，基本中の基本の文献である「欄外ノート」については，それ自体を単独に紹介するほうがよかったかもしれません．

　顧みてあれこれのアイデアが心に浮かびます．究極的なことを言い添えると，めざさなければならないのはフェルマの全集の完全な翻訳書の作成です．この遠い目標を絶えず心にかけて精進を重ねつつ，後進の出現に期待したいと思います．

170　Diophanti Alexandrini,

τετραγώνοις. νῦν τῶν ἐκκειμένων
τῶν μδ. καὶ τῶν ιϛ. λαμβάνω
τὰς πλευράς, εἰσὶ δὲ ζ καὶ δ. καὶ
πλάσσω τὸ τείχωνον ὀρθοχώνιον
ἀπὸ ἀριθμῶν δύο τῶν ζ. ἡ ξ δ.
καὶ ἔσι λγ. νϛ. ξε. ὁμοίως καὶ τῶ
ξδ. καὶ τῆς μονάδος αἱ πλευραὶ
ἡ καὶ α. καὶ πλάσσω πάλιν ἀπ'
αὐτῶν ὀρθοχώνιον τείχωνον ὁ οὗ αἱ
πλευραὶ ιϛ. ξγ. ξε. καὶ γίνεται τέ-
σσαρα τείχωνα ὀρθοχώνια ἴσας
ἔχοντα τὰς ὑποτεινούσας. ἐλθὼν
οὖν ἐπὶ τὸ ἐξ ἀρχῆς προβλη-
μα, πλάσσω ἐκ μὴν συγκείμενον
ἐκ τῶν τεσσάρων ξϛ ξε. ἕκαστον δὲ
τούτων τῶν τεσσάρων δυνάμεων
ποσούτων, ὅσον ἐστὶ τετραπλασίων
τῶν ἐμβαδῶν. ἐκ μὲν πρῶτον [δ'
δυϛ. ἐκ δὲ δευτέρῳ δ'γ. ἐκ
δὲ τρίτῳ] δ' γχζϛ. καὶ ἐπὶ ἐκ
τέταρτον δυνάμεις βιϛ. καὶ εἰσὶν
ἐκ τέσσαρες δ' μδ. α. β ϟ ξκ.
ἴσοι ϛϛ ξε. καὶ γίνεται ὁ ἀριθμὸς
μ' ξε (μ.α.μ.ρξη.) ἐπὶ τὰς ὑπο-
στάσεις. ἔσται ὁ μὲν πρῶτος μυ
αψιγ. μονάδες ϛχ. ὁ δὲ δεύτερος μυ. αϛζζ. μ' ἐ μορίου
τοῦ αὐτοῦ. ὁ τρίτος μυ. αϠξα. μ' ἐκ μορίου τοῦ αὐτοῦ. ὁ τέταρ-
τος μυ. ωπα. μ' ἐκ μορίου τοῦ αὐτοῦ, τὸ δὲ μόριον μμ. α. μυ.
ϛτβ. μ' αωκδ.

ditur quadratos. Nunc exposi-
torum 49. & 16. fumo latera,
funt autem 7. & 4. & formo
triangulum rectangulum à duo-
bus numeris 7. & 4. & est 33. 56.
65. Similiter ipsorum 64. & 1.
latera sunt 8. & 1. à quibus rur-
sus formo triangulum rectan-
gulum, cuius latera sunt 16. 63.
65. & fiunt quatuor triangula
rectangula æquales habentia
hypotenusas. Refero me igitur
ad propositam initio quæstio-
nem, & pono compositum ex
quatuor numeris 65 N. Quem-
libet verò ipsorum quatuor po-
no tot quadratorum quot con-
tinet vnitates quadruplum areæ.
Primum quidem 4056 Q. Se-
cundum autem 3000 Q. Tertiũ
3696 Q. Quartum denique 2016
Q. & est illorum summa 12768
Q. æqualis 65 N. & fit 1 N. $\tfrac{}{}$.
Ad positiones. Erit primus
17136600. Secundus 12675000.
sub eiusdem partis denomina-
tione. Tertius 15615600. sub
eiusdem partis denominatione.
Quartus 8517600. sub eiusdem
partis denomination. Est autẽ
partis denominator 163021824.

IN QVAESTIONEM XXII.

PVLCHERRIMVM est hoc problema & raræ subtilitatis, in quo cùm mul-
tum desudarit Xilander, perfectam tamen eius enodationem afferre non po-
tuit, destitutus scilicet ope porismatum quæ ad hoc requiruntur. Quoniam er-
go gloriam rei perobscuræ explicandæ nobis libenter reliquit, nos eam libentius
amplectamur. Et vt omnia clariora fiant, singula quæque notatu digna ordine pro-
sequamur.

Aduerte itaque primò lemma quod assumit Diophantus de triangulis rectangulis

右段 5 〜 6 行目に直角三角形 (33, 56, 65)
9 〜 10 行目に直角三角形 (16, 63, 65) が見える.

索 引

●あ行

アポロニウス　39, 46, 66
『アリトメチカ』　8, 35, 90, 115
アルキメデス　61, 122
アルキメデスの螺旋　3
ヴィエト　38
ウォリス　140
エティエンヌ・パスカル　28
『円錐曲線論』　66
円積線　3, 67, 77, 78
円の方形化問題　78
オイラー　38, 95, 139, 142,
　　　　　155, 173

●か行

カルカヴィ　99
完全数　108
『幾何学』　1, 4, 15
『球と円柱について
　（De sphoera et cylindro）』　62
クシランダー　35
コーシー　38
コルネリス・デ・ワールト　7
コンコイド　3, 67, 73

●さ行

サイクロイド　5, 82, 83

最大と最小　8
サミュエル　91
サミュエル・ド・フェルマ　7
『サミュエルのディオファントス』
　　　　　9, 91
三大作図問題　3
シソイド　3, 67
ジャック・ド・ビリー　9
ジョン・ウォリス　9, 139
シャルル・ヘンリー　7
親和数　157
『数学集録』　2, 41
接線影　75
線型的形状　124
素数の形状理論　181

●た行

高木貞治　83
多角数　116
多角数に関するフェルマの定理
　　　　　116
代数曲線　3
直角三角形の基本定理　92, 99,
　　　　　108, 128, 133, 134
『定本解析概論』　83
ディオクレス　3, 67
ディオファントス　8, 35, 90, 115,

　　　　　　　　　128
　ディグビィ　99
　デカルト　15, 17
　デカルトの葉　27

　　　　　●な行
ニコメデス　3, 67, 73

　　　　　●は行
バシェ　90
『バシェのアリトメチカ』　128
『バシェのディオファントス』
　　　　　8, 35, 90, 113, 117
パスカル　99
パップス　2, 41
T.L. ヒース　157
ピエール・ド・カルカヴィ　129
ヒッピアス　3, 67, 77
フェルマ　5, 6
『フェルマ数学著作集』　91
フェルマ素数　142
フェルマの小定理　107, 108,
　　　　　　　　　128, 169
フェルマの数　142
フェルマの大定理　115
『復刻版　ギリシア数学史』　157
『普遍的なハーモニー』　157, 159
ブレーズ・パスカル　28
フレニクル　92, 99, 152
平方的形状　124
ペル　140

ペルの方程式　138, 139
ホイヘンス　9
『方法序説』　1
ポール・タンヌリー　7

　　　　　●ま行
ミシェル・ド・サン＝マルタン
　　　　　　　　　145
無限降下法　114, 129, 131, 134
メルセンヌ　5, 9, 152, 157, 159

　　　　　●や行
ユークリッドの『原論』　108
友愛数　157
4 平方数定理　135
4 平方定理　135

　　　　　●ら行
ライプニッツ　3, 36
ラグランジュ　135, 139, 155, 173
『螺旋について』　122
欄外ノート　113
ロベルヴァル　28, 99, 155

著者紹介：

高瀬 正仁（たかせ・まさひと）

昭和26年（1951年），群馬県勢多郡東村（現在みどり市）に生れる．数学者・数学史家．専門は多変数関数論と近代数学史．2009年度日本数学会賞出版賞受賞．歌誌「風日」同人．

著書：

『双書⑪・大数学者の数学／アーベル（前編）不可能の証明へ』．現代数学社，2014年．
『双書⑯・大数学者の数学／アーベル（後編）楕円関数論への道』．現代数学社，2016年．
『リーマンと代数関数論：西欧近代の数学の結節点』．東京大学出版会，2016年．
『古典的名著に学ぶ微積分の基礎』．共立出版，2017年．
『ガウスに学ぶ初等整数論』．東京図書，2017年．
『岡潔先生をめぐる人びと フィールドワークの日々の回想』．現代数学社，2017年．
『数学史のすすめ 原典味読の愉しみ』．日本評論社，2017年．

他多数

双書⑰・大数学者の数学／フェルマ
数と曲線の真理を求めて

2019年1月20日　初版1刷発行

著　者　　高瀬正仁
発行者　　富田　淳
発行所　　株式会社　現代数学社
〒606-8425 京都市左京区鹿ヶ谷西寺ノ前町1
　　　TEL 075 (751) 0727　FAX 075 (744) 0906
　　　http://www.gensu.co.jp/

検印省略

ⓒ Masahito Takase, 2019
Printed in Japan

装　幀　　中西真一（株式会社CANVAS）
印刷・製本　　亜細亜印刷株式会社

ISBN 978-4-7687-0500-1

● 落丁・乱丁は送料小社負担でお取替え致します．
● 本書のコピー，スキャン，デジタル化等の無断複製は著作権法上での例外を除き禁じられています．本書を代行業者等の第三者に依頼してスキャンやデジタル化することは，たとえ個人や家庭内での利用であっても一切認められておりません．